U0226174

丛书编委会

主　编：叶叔华

编　委：（按姓氏笔画排序）

　　　　王小亚　朱文耀　胡小工　黄　珹　董大南

天文地球动力学丛书

毫米级地球参考架
和 EOP 确定技术

王小亚　胡小工　何　冰　李秋霞　李亚博　著

科学出版社

北　京

内 容 简 介

本书系统地阐述了毫米级地球参考架和 EOP (地球定向参数) 确定的现状、原理、所依赖的多种空间大地测量技术内混合方法和技术间综合方法及相应结果的分析，同时介绍了国际上最前沿的非线性地球参考架和 EOP 确定方法及野值和未标注的跳变探测等。为满足我国卫星导航、航空航天和地面实时监测应用及高精度时空基准的需要，又对 EOP 预报、区域地球参考架和 EOP 确定方法及结果进行了介绍和分析，形成了一套中国地球自转与参考系服务系统(CERS)产品。

本书可供天文、测绘、地球科学、航空航天等领域从事地球参考架和 EOP 及其应用的科技人员参考，也可作为高等院校有关专业师生教学参考书。

图书在版编目(CIP)数据

毫米级地球参考架和 EOP 确定技术/王小亚等著. —北京：科学出版社，2023.6
(天文地球动力学丛书)
ISBN 978-7-03-073034-3

I. ①毫… II. ①王… III. ①世界坐标系–研究 IV. ①P21

中国版本图书馆 CIP 数据核字(2022)第 162742 号

责任编辑: 刘凤娟 田轶静 / 责任校对: 彭珍珍
责任印制: 张 伟 / 封面设计: 无极书装

科学出版社 出版
北京东黄城根北街 16 号
邮政编码: 100717
http://www.sciencep.com

北京中科印刷有限公司 印刷
科学出版社发行 各地新华书店经销
*
2023 年 6 月第 一 版 开本: 720 × 1000 1/16
2023 年 6 月第一次印刷 印张: 12 1/2
字数: 245 000
定价: 99.00 元
(如有印装质量问题, 我社负责调换)

丛 书 序

　　天文学是一门古老的科学，自有人类文明史以来，天文学就占据着重要地位。从公元前 2137 年中国最早日食记录、公元前 2000 年左右木星运行周期测定、公元前 14 世纪的日食月食常规记录、公元前 11 世纪黄赤交角测定、公元前 722 年干支记日法、公元前 700 年左右的彗星和天琴座流星群最早记载等，到东汉张衡制作的浑象仪和提出的浑天说、古希腊托勒密编制当时较完备的星表、中国《宋史》的第一次超新星爆发记载、波兰哥白尼所著《天体运行论》、丹麦第谷·布拉赫发现仙后座超新星、德国开普勒提出行星运动三定律、意大利伽利略制造第一台天文望远镜、明朝徐光启记录的当时中国较完备全天恒星图、荷兰惠更斯发现土星土卫六、法国卡西尼发现火星和木星自转、英国牛顿提出经典宇宙学说、法国拉普拉斯出版《宇宙体系论》和《天体力学》、德国高斯提出行星轨道的计算方法等，再到现代河外星系射电的发现、人造卫星的出现、电子望远镜和光电成像技术的发明、月球探测器的发射等，天文学已经朝太空技术发展，朝高科技发展，朝计算科学发展。21 世纪天文学已进入一个崭新的阶段，不再限制在地球上，而是望眼于太空，天文学家已可以通过发射航天探测器来了解某些太空信息。天文地球动力学就是在这样的背景环境下从诞生到发展，不断壮大，为我国卫星导航、深空探测、载人航天、大地测量、气象观测、地震探测、海洋探测等做出了卓越贡献。编此丛书序就是希望读者可以系统掌握天文地球动力学的理论和研究方法，能够为我国天文学和地球科学的后续持续发展提供保障。

　　天文地球动力学是 20 世纪 90 年代新兴的一门学科，是天文学与地学 (地球物理学、大地测量学、地质学)、大气科学和海洋科学等的交叉学科。自 20 世纪 70 年代以来，现代空间对地观测技术如甚长基线干涉测量 (very long baseline interferometry，VLBI)、卫星激光测距 (satellite laser ranging，SLR)、激光测月 (lunar laser ranging，LLR)、全球定位系统 (global positioning system，GPS) 等得到迅猛发展，测量地球整体性和大尺度运动变化精度有了量级提高，也使得对地球各圈层 (大气圈、水圈、岩石圈、地幔、地核) 运动变化的单个研究发展到地球各圈层的完整体系，综合研究其间的相互作用和动力学过程成为可能。

　　天文地球动力学是研究地球的整体性、大尺度形变和运动的动力学过程，它所包含的内容多样而丰富。包括地球形状变化、地壳形变和运动、地球磁场和重力场的起源、变化；包括用天文手段高精度、高时空分辨率探测和研究地球整体和各圈层物质运动状态；包括建立和维持高精度地球和天球参考系；包括综合研究地球和其他行星动力学特性及演化过程；包括空间飞行器深空探测、精密定轨和导航定位等理论、技术及应用；包括现代空间技术数据处理的理论、方法；包括相应的大型软件系统的建立和应用等。因此天文地球动力学是一门兼具基础理论和实际应用的综合性学科，"天文地球动力学丛书"即将从有关方面给予细致描述，每个研究方向不仅含有其基本发展过程、研究方法、最新研究成果，还含有存在的问题和未来发展的方向，是从事天文地球动力学研究不可缺少的文献。"天文地球动力学丛书"将系统讲述各个研究方向，有利于研究生和有关科研人员尽快掌握该研究方向和整体把握"天文地球动力学"这门学科。同时，该学科的研究和应用有利于我国卫星导航、深空探测、载人航天、参考架建立、板块运动、地壳形变、地球大气科学、海洋科学、地球内部结构等的发展，可以成为相关方面研究人员的教科书和工具书。

叶叔华

中国科学院院士

2018 年 8 月

前　　言

　　地球定向参数 (earth orientation parameter，EOP) 联系着地球和天球参考架，它包括岁差、章动和地球自转参数 (earth rotation parameter，ERP)。其中，岁差和章动反映了地轴在空间的运动，可以采用理论模型进行较精确的描述；ERP 包括极移和日长变化，极移反映了地球自转轴在地球本体内的移动，日长主要用来描述地球绕瞬时轴自转速率的变化，ERP 难于理论模拟，需要实测。任何需要联系这两个参考架的用户，如卫星导航，都需要精确的 EOP 信息，这无论是地球上的导航用户还是空间的导航用户都是如此，EOP 是卫星导航应用中不可缺少的关键因素，其精度和时效性将影响航天器轨道和导航定位的精度。实时的导航还需要 EOP 的精确预报，而 EOP 在较广的时间尺度上变化，一些影响 EOP 的因素是可以很好地模拟和预报的，而另一些影响是不可以预报的，甚至在未来也是不可预报的，如由于地球不同圈层之间角动量的交换和突发事件 (如地震) 的影响，这样就需要随时监测 EOP 和它的变化。目前这个工作是由四大空间大地测量技术如甚长基线干涉测量 (very long baseline interferometry，VLBI)、全球卫星导航系统 (global navigation satellite system，GNSS)、卫星激光测距 (satellite laser ranging，SLR) 和卫星多普勒定轨定位 (Doppler orbitography by radiopositioning integrated on satellite，DORIS) 共同完成的。为了提高 EOP 的精度和同参考架之间的自洽性，EOP 时间序列目前同地球参考架一起估计，未来有可能与天球参考架三者一起估计。

　　本书第 1 章绪论，阐述了地球参考架和 EOP 概念、确定现状及多种空间大地测量综合的意义；第 2 章地球参考架的建立与维持，首先介绍了理想地球参考系的定义，然后叙述了国际地球参考架 (international terrestrial reference frame，ITRF) 的建立与维持，最后介绍了利用空间大地测量技术建立地球参考架的概况；第 3 章地球定向参数确定与综合，介绍了四种技术确定 EOP 的概况、国际地球自转和参考系服务 (International Earth Rotation and Reference Systems Service，IERS) EOP 产品及 EOP 确定与综合研究进展；第 4 章空间大地测量技术内综合方法，阐述了各种技术内综合方法和精度及长期性分析；第 5 章综合多种技术建立线性地球参考架和 EOP 方法，包括最小二乘法方程累积和方程解算、地球参考架确定的模型、地球参考架的基准定义、并置站观测的应用、测站非连续性变化的探测、定权方法及并行算法等；第 6 章和第 7 章分别介绍了多种空间大地测量技术综合建立地球参考架和监测 EOP 的结果分析；第 8 章野值和未标注跳变探测及其对地球参考架和 EOP 的影响，介绍了粗差和跳变探测算法及测试结果；第 9 章测站非线性特征提取及结果分析，介绍了地球构造/非构造影响因素及运动特征、五种常用非线性特征分析方法及非线性特征建模；第 10 章毫米级非线性地球参考架构建与结果分析，介绍了非线性地球参考架构建基本理论、测试及其结果分析；第 11 章高精度 EOP 预报算法及精度分析，介绍了高精度 EOP 快速预报需求、预报现状及 EOP 短期、中长期预报算法及精度分析；第 12 章区域地球参考架和 EOP 确定，介绍了区域地球参考架研究现状、实现方法、全球和区域垂直参考系统概况、区域 EOP 确定及精度分析和中国地球自转与参考系服务系统 (The Chinese Earth Rotation and Reference System Service，CERS)。

　　本书的撰写基于作者负责的我国重大专项课题"地球定向参数确定技术"的重要成果和长期从事我国空间大地测量研究及其应用的积淀，以及国家重点研发计划"毫米全球历元地球参考框架 (ETRF) 构建技术"的研究成果。非常感谢中国科学院上海天文台朱文耀研究员、吴斌研究员、王广利研究员、周永宏研究员、黄乘利研究员、宋淑丽研究员、许雪晴副研究员、李进研究员、王松筠副研究员、查明高工，中国测绘研究院成英燕研究员、王虎副研究员、赵春梅研究员，山东大学徐天河教授，西安卫星测控中心王家松研究员在工作上的大力合作和帮助。感谢中国科学院上海天文台邵璠、张晶、席克伟、钟胜坚、周厚香等同学对书中参考文献的整理和所做的贡献。作者系中国科学院大学岗位教授，感谢中国科学院大学领导和该校空间天文学院老师对作者教学的帮助和支持。最后，感谢中国科学院上海天文台各位领导和同事多年来对作者的帮助、大力支持和关心！

　　本书的出版得到国家重点研发计划"毫米全球历元地球参考框架 (ETRF) 构建技术"(项目编号：2016YFB0501405)、国家自然科学基金面上项目 (项目编号：11973073，11173048，12373076)、国家重大专项课题"地球定向参数确定技术"(项目编号：GFZX0301030114)、科技部基础性工作专项项目 (项目编号：2015FY310200)、国家重大科技基础设施项目"中国大陆构造环境监测网络"、上海市空间导航与定位技术重点实验室 (项目编号：06DZ22101) 的大力资助，在此一并感谢！

王小亚

2022 年 7 月

目　　录

表 目 录

图 目 录

第 1 章　绪　　论

1.1　地球参考架和 EOP 概念

地球参考架 (terrestrial reference frame，TRF) 是地球参考系的一种实现方法，通过一定的数据处理方法，采用一组有关的模型和常数求得参考点的坐标值和速度场集，是需要不断维持和精化的。地球参考架不仅在测绘学领域内为经典大地测量和现代卫星导航与定位等工作提供重要的点位参考基准，同时也在天体测量、板块运动、地壳形变、地震、地球动力学研究、全球平均和区域海平面变化、陆地水或冰川变化、海啸与自然灾害、救援与安全、国土资源管理、精准农业、智能交通、地理信息、地图、遥感、数字地球等研究和应用中起着非常重要的基准作用。地球参考架基准的不准确会导致结果误差大，甚至结论错误 (Mitchum et al., 1998; Blewitt, 2003; Blewitt et al., 2010; Morel et al., 2005; Altamimi et al., 2007; Altamimi et al., 2011; Altamimi et al., 2012; Collilieux et al., 2011; Wu et al., 2011; Seitz et al., 2012; Heflin et al., 2013)。

地球定向参数 (earth orientation parameter，EOP) 是用于地球坐标系与天球坐标系之间转换的地球空间指向参数，反映地球自转轴在空间的位置和运动情况以及在地球本体内的位置和运动情况，它包括岁差章动、天极偏差、极移、世界时与协调世界时之差 (UT1−UTC) 和日长 (LOD)。其中，岁差和章动反映了地轴在空间的运动，可以采用理论模型进行较精确的描述；地球自转参数 (earth rotation parameter, ERP) 包括极移、UT1−UTC 和 LOD 变化，极移反映了地球自转轴在地球本体内的移动，UT1−UTC 反映了地球自转的快慢，LOD 主要用来描述地球绕瞬时轴自转速率的变化，ERP 变化是不十分规则的，由于地球不同圈层之间角动量的交换和突发事件如地震的影响，难于理论模拟，因此，需要进行实测确定 (Gambis, 2004)。EOP 是研究地球自转的关键参数，不仅对研究自转变化机制、板块运动、固体潮、地球内部结构、地球表面物质运动以及时间系统维持等天文地球动力学问题具有重要的意义，同时也在卫星导航与应用、深空探测以及军事领域中有着重要的应用 (许雪晴等，2010)。任何需要联系这两个参考架的用户 (如卫星导航) 都需要精确的 EOP 信息，无论是地球上的导航用户还是空间的导航用户都是如此，EOP 是卫星导航应用中不可缺少的关键因素，其精度和时效性将影响航天器轨道和导航定位的精度。实时导航还需要 EOP 的精确预报，而 EOP 在较广的时间尺度上变化，一些影响 EOP 的因素是可以很好地模拟和预报的，而另一些影响是不可以预报的，甚至在未来也是不可预报的，如由于地球不同圈层之间角动量的交换和突发事件 (如地震) 的影响，就需要随时监测 EOP 及其变化。目前这个工作是由四大空间大地测量技术，即甚长基线干涉测量 (very long baseline interferometry，VLBI)、卫星激光测距 (satellite laser ranging，SLR)、全球卫星导航系统 (global navigation satellite system，GNSS) 和卫星多普勒定轨定位 (Doppler orbitography by radiopositioning integrated on satellite，DORIS) 等共同完成的，为了提高 EOP 的精度和同参考架之间的自洽性，EOP 和地球参考架一起估计。

　　由于地球参考架和 EOP 的重要性及其高精度近实时监测和预报的需要，有必要对其高精度的确定进行详细描述，让读者深入细致地了解其具体过程，以便更进一步发展和提高其精度，推广其应用。为此，下面介绍国际上地球参考架和 EOP 确定的现状，以及多种空间大地测量综合的意义。

1.2　地球参考架确定现状

　　地球参考架确定最具权威和常用的是由国际地球自转和参考系统服务 (International Earth Rotation and Reference Systems Service，IERS) 提供的国际地球参考框架 (international terrestrial reference frame，ITRF) 系列产品。ITRF 系列产品是由法国国家测绘局 (Institut Geographique National，IGN) 负责解算的，是根据一定要求，利用分布全球的 VLBI/SLR/GNSS/DORIS 地面观测台站测量数据，通过国际 VLBI 服务 (International VLBI Service，IVS)/国际激光测距服务 (International Laser Ranging Service，ILRS)/国际 GNSS 服务 (International GNSS Service，IGS)/国际 DORIS 服务 (International DORIS Service，IDS) 分析中心处理获得的独立交换文件格式 (solution independent exchange format，SINEX) 解，进行综合处理分析得到地面观测站的站坐标和速度场以及相应 EOP，由于章动和极移影响，ITRF 框架每年都在变化，需持续更新。ITRF 从 1988 年建立起已有 14 个版本，它们是 ITRF88、ITRF89、ITRF90、TRF91、ITRF92、ITRF93、ITRF94、ITRF96、ITRF97、ITRF2000、ITRF2005、ITRF2008、ITRF2014 和 ITRF2020。除 ITRF 外，还有另外两家机构——德国大地测量研究所–慕尼黑工业大学 (Deutsches Geodätisches Forschungsinstitut der Technischen Universität München，DGFI-TUM) 和美国喷气推进实验室 (Jet Propulsion Laboratory，JPL)，也是分别综合 VLBI/SLR/GNSS/DORIS 四种空间大地测量技术来实现地球参考系的，它们的产品分别命名为 DTRFyyyy 和 JTRFyyyy (yyyy 为年份) (Altamimi et al.，2016)。不同地球参考架结果的交叉比较有利于分析目

前地球参考架真实精度和影响因素，继而找到提高地球参考架精度和稳定性的方法 (Seitz et al., 2013)。

DGFI-TUM 综合多种技术建立地球参考架的核心策略是对各技术建立的无约束法方程进行综合 (Seitz et al., 2012; Angermann et al., 2009; Seitz et al., 2015)。这里的无约束不仅表示对法方程中包含的站坐标和 EOP 不引入约束条件，也不对某些参考架基准参数进行固定，而一些引入过约束的关于轨道和大气模型的参数则已预先从法方程中消去。与 ITRF2008 比较,其所实现的 DTRF2008 的基准参数外符精度根据不同技术达到 2~5mm 和 0.1~0.8mm/a,而基准网的几何结构达到了 3.2mm 和 1.0mm/a 外符精度。其 DTRF2014 与 ITRF2014 的地球参考架基准参数比较,GNSS 精度优于 1.5mm,VLBI 和 SLR 精度优于 3.5mm,DORIS 精度优于 7.5mm (Seitz et al., 2015)。

为了解决地壳形变的复杂时变特性和长期线性地球参考架之间的不匹配,JPL 的 Wu 等利用卡尔曼滤波和 Rauch-Tung-Strebel(RTS) 向后平滑方法,综合 VLBI/SLR/GNSS/DORIS 四种技术的站坐标时间序列,实现了一种新的地球参考架 (Wu et al., 2015)。在这种地球参考架下,其原点定义为由 SLR 技术确定的准瞬时地球质心 (center mass，CM),尺度由 SLR 和 VLBI 技术准瞬时尺度经加权平均确定。

德国地学研究中心 (Deutsches Geo Forschungs Zentrum，GFZ) 的 Thaller (2008) 利用 SLR、GPS 和 VLBI 三种技术在 2002 年第 290~304 天的原始观测数据上实现了一种基于无基准约束的法方程严格综合的地球参考架,重点讨论了如何选取先验模型生成各技术的无约束法方程、各个技术共有参数的参数化方法以及对流层参数的综合等。Štefka 等 (2010) 提出利用 GPS、SLR、VLBI 技术解算的测站坐标和 EOP 结果,建立以测站在天球参考坐标系下的坐标值为观测值的间接观测方程,引入坐标转换参数极小化和 EOP 时间连续性等约束,给予不同技术以适当的权重,解出了自主的测站坐标和 EOP 序列。其测站速度与 ITRF2005 的差异在 2.7mm/a 量级。Gambis 等 (2005) 利用 GINS/DYNAMO 软件在法方程层面实现了综合 TRF 和 EOP,虽然结果仍然未达到单技术最高精度水平,但是综合解的 RMS 有了较大的改进。此外,Gambis 等 (2006) 还提出了进一步基于观测层面的地球参考框架综合确定方法,从最严格的角度同时综合 TRF 和 EOP,但是此方法对软件水平的要求极高,实现起来存在较大困难。Bloßfeld 等 (2014) 研究了一种基于每周综合 GPS/SLR/VLBI 法方程的方法,生成一系列历元参考架时间序列,并且剖析了与长期地球参考架相比的优势和劣势。目前,武汉大学卫星导航定位技术研究中心所开发的 PowerADJ 科研软件初步实现了多种空间技术综合地球参考框架的功能,与 ITRF 大致处于同一量级上,但是在尺度上的差异比较明显,且并没有考虑 EOP 序列和地球参考架之间的一致性。

　　综上所述，目前的地球参考架综合方法可以粗略分为三种：基于参数层面的综合，基于法方程层面的综合，以及基于观测层面的综合 (Thaller，2008)。基于参数层面的综合，是对各个技术的或者不同机构单独求解出来的在各自定义的地球参考架下的站坐标 (有时包含 EOP) 进行综合，评估各技术的系统差、偏差和特性等，给出相对权重，结合单独解算时求出的协方差阵，给出综合时的协方差阵，通过平差或者拟合，得出一个统一地球参考架下的各测站的站坐标 (和 EOP)。这种综合方式可能会因为其中某种技术或者某家机构的解中引入的不合理约束而导致整个综合地球参考架台站网的变形 (Angermann et al.，2006；2003)。

　　基于法方程的综合，大体上可以分为两步：第一步是利用相同的或者不同的软件分别对各个技术的直接观测值进行处理，生成法方程系统；第二步是利用不同技术都包含的参数进行多种技术的综合。与基于参数层面方法类似，基于法方程层面综合有可能在第一步先验模型中或者参数化过程中引入误差，继而通过综合的过程传播到其他技术中。

　　基于观测层面的综合，该方法中最难实现的关键点同时也是该方法最大的优势在于：对所有参与综合的技术 (GNSS、SLR、VLBI、DORIS) 的原始观测数据，采用统一的一套软件、同样的模型和标准去处理，并生成无约束自由法方程，再综合法方程，加入适当的约束和权重得到最优综合地球参考架和 EOP 解 (Gambis et al.，2006)。在观测层面的 EOP 综合可以更加有效地探测不同技术的系统效应，并且避免这种"系统差"对综合 EOP 的影响。

1.3　EOP 确定现状

　　目前国际上 EOP 服务包括两类：一是立足于国际合作的公益性服务，以 IERS 为代表，总部设在巴黎天文台，已经有 70 多年的历史；二是大国为了满足军事、航天、经济、科技等本国战略需求建立的独立服务。目前美国、俄罗斯已经独立开展相关业务，日本和欧洲自 2006 年开始了独立于 IERS 的 EOP 实时监测试验，特别是 VLBI2010 的开展，通过单基线观测得到滞后仅 5min，精度为 20~30μs 的 UT1 变化 DUT1。目前在一些大国，EOP 解算主要由军事测绘航天部门和天文部门联合实现，比如，美国承担该任务的机构包括美国海军天文台、美国航空航天局戈达德航天中心；俄罗斯承担该任务的机构包括俄罗斯联邦航天局、俄罗斯科学院天文学研究所；日本承担该任务的机构包括日本海上自卫队、日本国土地理院。

　　IERS 是国际 EOP 服务的专业机构，它所依赖的多种空间技术结果分别由各种空间技术 VLBI/SLR/GNSS/DORIS 的国际服务机构提供，包括 SINEX 格式解和 EOP 测量序列两种，定期在国际互联网上公布其产品。其产品主要包括快速 EOP 测定和预报 (包括 Bulletin A、两种章动理论模型下的标准的 EOP 序列和每日 EOP 序列)、每月 EOP 序列 (两种章动理论模型下的 Bulletin B)、长期 EOP 序列 (包括 EOP C01、EOP C02、EOP C03、EOP C04 序列等) 和 Bulletin C 跳秒公报及 Bulletin D DUT1 公报,其中最终的高精度产品 C04 序列的极移参数 x_p、y_p 精度为 0.2mas;UT1−UTC 精度为 0.02ms。预报一周的极移参数精度为 3.5mas,UT1−UTC 精度为 0.8ms,其与各技术国际分析中心的监测精度比较如表 1.1 所示,进一步说明综合的重要性。目前综合结果比单技术精度更高。

表 1.1　IERS 与各技术国际分析中心 EOP 监测精度比较

	测定的极移精度/UT1−UTC 精度	预报一周的极移精度/UT1−UTC 精度
IERS	0.2mas/0.02ms	3.5mas/0.8ms
ILRS	0.3mas/0.025ms (LOD)	—
IVS	0.25mas/0.02ms	—
IDS	0.48mas/—	—
IGS	0.7mas/0.03ms (LOD)	—

　　中国科学院上海天文台 (SHAO) 是国内系统进行 EOP 分析计算的科研单位。上海天文台是国内唯一的 IVS 和 ILRS 分析中心,也是 IERS 数据分析中心之一,长期从事测地 VLBI 数据分析,从 20 世纪 80 年代末开始一直向国际相关机构提交 EOP、台站坐标以及射电源坐标的解算结果,也在同期一直开展利用 SLR 数据解算 EOP、卫星轨道、台站坐标等工作。上海天文台负责协调国内 VLBI 网和 SLR 网,确定国内网的工作计划,每年定期提供 EOP 服务,极移精度约为 0.3mas,UT1 为 0.02ms,与国外机构的产品精度大致相当。但是这都是单技术的 EOP 确定,其精度、时间频率、时效性等有一定限制,因此 2011 年在国家重大专项课题 "地球定向参数确定技术" 的支持下,于 2014 年 9 月完成了四种空间大地测量综合确定 EOP 及其服务系统,正式向外发布 EOP 和地球参考架各类产品。

1.4　多种空间大地测量综合的意义

　　目前,地球参考架和 EOP 确定依赖的高精度的空间大地测量技术包括 VLBI、SLR、GNSS 和 DORIS 等,它们的测站分布情况如图 1.1 所示 (自 1990 年起还在运行)。它们各自对地球参考架和 EOP 的贡献相对大小见表 1.2。同时由于各个技术本身观测预处理方式的复杂程度的不同,以及数据传输方式的自动化和手段的不同等,有些技术数据需滞后 3~7 天,有些技术则可以达到近实时获取数据,这样就可以提供近实时 EOP 和提高 EOP 的预报精度,这对卫星导航是非常重要的,因此有必要根据不同技术实际数据获取的时效性研究给出相应的产品,提高产品应用的精度和时效性。

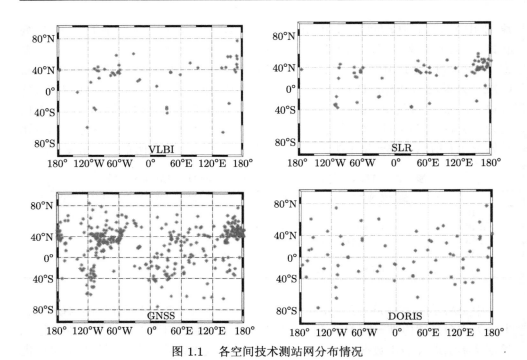

图 1.1　各空间技术测站网分布情况

自 1990 年起还在运行

表 1.2　四种测量技术对地球参考架和 EOP 贡献相对大小的比较

	VLBI	SLR	GNSS	DORIS
河外射电源	***			
岁差–章动	***	*	*	
世界时 UT1	***			
地球自转				
高频 UT1	***	*	**	
极移	***	**	***	*
LOD		***	***	*
测站网全球分布	*	*	***	***
地球质心		***		
尺度因子	**	**		
站网密度	*	*	***	**
板块运动	***	**	***	***

注：* 表示参与。

　　所有空间技术在监测 EOP 中都有其各自的特点，不可替代，其特点如表 1.3。比如，SLR、GNSS 等卫星技术无法独立测量 UT1，只有 VLBI 技术才能独立建立地球参考架和天球参考架之间的联系，而 VLBI 对地球质心不敏感；不同空间技术监测 EOP 的时间分辨率、系统误差、精度、短期和长期稳定性等都不同，因此，IERS 就是在各空间技术服务组织 (ILRS、IVS、IGS 和 IDS) 提供的各数据分析中心混合结果的基础上进行综合加权平均等处理得到 EOP。为了满足我国独立自主高精度监测 EOP 的需要，必须建立我国自己的多种空间技术的 EOP 综合解。

表 1.3 四种测量技术的比较

	优点	缺点
VLBI	稳定的河外射电源、高稳氢钟 → 观测精度高； 与地球重力场无关、与光速有关 → 长期稳定性高； 河外射电源 → 联系天球与地球参考架，唯一能够完整测定 EOP 的技术 → **更好的稳定性和更高的精度**	无法确定地球质心；设备昂贵、测站网稀疏且分布不均匀；**解算 EOP 延迟较长，不过 VLBI2010 或者 13m 天线组网观测会提高 EOP 监测时效性**
SLR	动力学测定法、定义参考架原点在地球质心 → 定义参考架原点的唯一手段；与 VLBI 共同确定参考架的尺度因子；对地球物理因素和质心运动的影响比较敏感；可提供近实时 EOP 服务和高频变化监测 → **测定 EOP 的长期稳定性较好**	无方向测量、SLR 地球参考架的定向有一定的随意性 → **不能测量 UT1，仅可测极移和 LOD**
GNSS	星座全球覆盖、GNSS 设备价廉 → 测站全球覆盖、GNSS 可向任意多用户提供全球范围内高精度、全天候、连续、实时的三维测速、定位和时间基准； **可提供准实时快速 EOP 服务和 EOP 的高频变化监测**	**GNSS 测定 EOP 的长期稳定性较差，影响 EOP 预报。**对地球质心运动和一些地球物理参数没有 SLR 敏感
DORIS	测站全球分布均匀	观测精度较其他技术低、卫星星座覆盖率低，**目前只测极移，精度相对较低**

由于各个空间技术的不同优缺点，高精度的 EOP 必须通过多种技术的综合处理。同时，由于各个技术之间存在系统差，进行综合时需要先移去其中不一致的系统差，如一种技术考虑了大气负荷潮而另一种技术没有考虑，则这样的不一致会对综合造成误差，因此需要消除这样不一致的系统差。另外，由于各个技术所采用的模型、方法、计算策略等不一致，即使是同一种技术，不同软件的结果也会有所不同，因此，综合后的结果才会更好更精确，如图 1.2 所示，GPS 技术的加入可以较大程度地减少形式误差，其他导航系统结果与 GPS 类似，在 ITRF2020 之前仅 GPS 数据加入了地球参考架和 EOP 综合处理，因此，本书 GNSS 的结果分析仅显示 GPS 结果。多种空间技术监测 EOP 的综合主要是通过各个技术的方差协方差矩阵进行综合，我国于 2014 年前还没有自主的综合软件，为此，需

建立不同技术综合 EOP 的理论、方法和模型，开发相关软件。

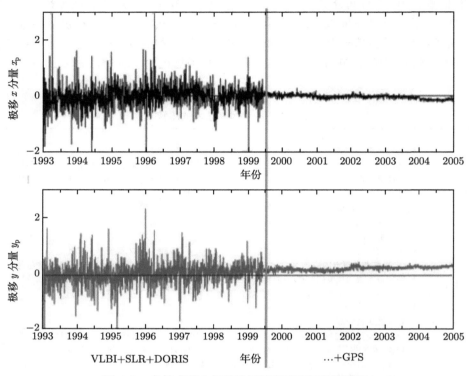

图 1.2   各技术综合极移结果精度随时间变化情况

1.5   本 书 结 构

本书第 1 章绪论，介绍了地球参考架和 EOP 概念、确定现状及多种空间大地测量综合的意义；第 2 章地球参考架的建立与维持，首先介绍了理想地球参考系的定义，然后介绍了国际地球参考架 ITRF 的建立与维持，最后介绍了利用空间大地测量技术建立地球参考架的概况；第 3 章地球定向参数确定与综合，介绍了四种技术确定 EOP 的概况、IERS EOP 产品及 EOP 确定与综合研究进展；第 4 章空间大地测量技术内综合方法，介绍了各种技术内综合方法和精度及长期性分析；第 5 章综合多种技术建立线性地球参考架和 EOP 方法，包括最小二乘法方程累积和方程解算、地球参考架确定的模型、地球参考架的基准定义、并置站观测的应用、测站非连续性变化的探测、定权方法及并行算法等；第 6 章和第 7 章分别介绍了多种空间大地测量技术综合建立地球参考架和监测 EOP 的结果分析；第 8 章野值和未标注跳变探测及其对地球参考架和 EOP 的影响，介绍了粗差和跳变探测算法及测试结果；第 9 章测站非线性特征提取及结果分析，介绍了地球构造/非构造影响因素及运动特征、5 种常用非线性特征分析方法及非线性特征建模；第 10 章毫米级非线性地球参考架构建与结果分析，介绍了非线性地球参考架构建基本理论、测试及其结果分析；第 11 章高精度 EOP 预报算法及精度分析，介绍了高精度 EOP 快速预报需求、预报现状及 EOP 短期、中长期预报算法及精度分析；第 12 章区域地球参考架和 EOP 确定，介绍了区域地球参考架研究现状、实现方法、全球和区域垂直参考系统概况、区域 EOP 确定及精度分析和中国地球自转与参考系服务系统 (CERS)。

第 2 章　地球参考架的建立与维持

　　无论是地球作为天体在空间环境中的运动，还是地球内部或近地空间的物理点相对于地球的运动，甚或是地球上的局部形变等一切与地球相关的几何和动力学理论研究，都是大地测量、地球物理和天文地球动力学等学科的主要研究内容之一，如地球板块运动、地球固体潮和海洋潮汐、极移、地球自转变化、地月系统动力学理论等 (Kovalevsky et al., 1989)，这些研究中所涉及的 "运动" 和 "位置" 等概念并不是绝对概念，而是要相对于某个参考系 (坐标系) 而言。从数学角度上来说，坐标系是由理论定义给出的用于描述点的位置和运动的数学工具，在讨论天体或测站的位置和运动时，引进适当的坐标系不仅可以使问题更为清晰，还可以使得描述研究对象的位置或运动的公式更为简洁，简化理论推导 (赵铭，2012)。广义来说，通常把为地基天体测量等服务的这样一套地球坐标系的实现而制定的理论、观测、数据处理及其物理实现的整体方案，统称为地球参考系的建立。狭义来说，地球参考系是定义坐标系统的原点、尺度和定向及其随时间演变的一系列协议、算法和常数。理想的地球参考系应是这样一种空间参照系：相对于它地球只存在形变，而无整体的旋转和平移，而它相对于惯性参考系只包括地球的整体运动，即地球的轨道运动和地球的定向运动 (岁差、章动和自转) (叶叔华等，2000)。这里所谓 "理想的" 旨在阐明它属于概念和定义的范畴，并不能根据实际资料去建立一个这样的系统。而地球参考架是由一组具体的地球参考框架点组成，通过一定的数据处理方法及采用一组有关的模型和常数求得参考点的坐标值和速度场，来实现和维持所定义的地球参考系。因此，如图 2.1 所示，

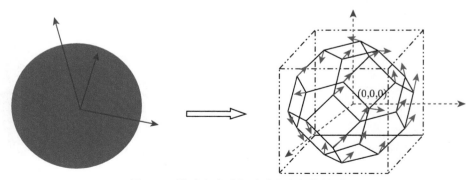

图 2.1　地球参考系与地球参考架的关系

地球参考系与地球参考架的关系是：参考架的目的是提供一个使参考系具体化的方法，参考系是总体概念，参考架才是其具体应用形式，地球参考架是对按照一定理论和模型定义的地球参考系的具体物理实现。有了地球参考架，才能真正从实践上将地球上任意点的位置及其变化加以定量描述 (何冰，2017)。

2.1 理想地球参考系

理想地球参考系是假设其上的物理点位置要么是固定的，要么其变化是可以用理论模型表示的。如果地球是个理想刚体，任意一种固定在地球上的三维坐标系都可以用来作为地球参考系，参考系的选择也仅仅取决于使用者是否方便。但实际情况是，地球并不是理想刚体，存在着变形和地壳运动等，这使得我们必须设定某些条件来定义一个理想的地球参考系。通常我们所提到的理想地球参考系是这样一种"无旋转"的空间参照系：相对于它地球只存在形变，无整体的平移或旋转，而它相对于惯性参考系只包括地球的整体运动，即地球的轨道运动和地球的定向运动 (岁差、章动和自转) (Kovalevsky et al., 1980)。这一理论概念，通常是采用蒂塞朗 (Tisserand) 条件来定义的，其主要特征是：相对于它，整个地球的线性动量和角动量为零，如公式 (2.1) 所示。

$$\begin{cases} \int_C V \mathrm{d}m = 0 \\ \int_C \boldsymbol{r} \times \boldsymbol{V} \mathrm{d}m = 0 \end{cases} \tag{2.1}$$

式中，C 指整个地球的积分区域；$\mathrm{d}m$ 为地球上的某质量元；$\boldsymbol{r}$ 和 $\boldsymbol{V}$ 分别为该质量元在参考架内的位置矢量和速度矢量。

然而，上述对理想地球参考系严格的理论定义是难以实现的。因此，作为近似，常把上述公式简化为一个相对于地壳的 Tisserand 条件，假设地壳的厚度和密度是均匀的，得到 Mueller 等定义的理想地球参考系简化公式如下：

$$\begin{cases} \int_D \dfrac{\mathrm{d}\overrightarrow{OM}}{\mathrm{d}t} \mathrm{d}D = 0 \\ \int_D \overrightarrow{OM} \times \dfrac{\mathrm{d}\overrightarrow{OM}}{\mathrm{d}t} \mathrm{d}D = 0 \end{cases} \tag{2.2}$$

式中，D 为整个地球表面；$\mathrm{d}D$ 为地球表面 M 处的一个面元；O 为地球参考系的原点。在这样一个系统里，地球岩石圈上的物理点的坐标只会由于地理因素 (板块运动或者潮汐形变) 而随时间发生很小的变化。

在牛顿框架下，物理空间被视为一个三维的欧几里得仿射空间，此时，地球参考系可以被看作一个与地球接近并与其一起旋转的三面体 $\underset{x-y}{A} = (n \times m)$。$O$ 为原点 (origin)，E 为一组基矢量空间，一般约定为右手系正交矢量空间。与基矢量共线的单位矢量三元组的指向和长度分别表示该参考系的定向 (orientation) 和尺度 (scale) (Petit et al., 2010)。对原点、定向和尺度的定义是地球参考系和地球参考架建立的基本要素。

2.2　国际地球参考架 ITRF 的建立与维持

IERS 由国际天文学联合会 (International Astronomical Union，IAU) 和国际大地测量和地球物理学联合会 (International Union of Geodesy and Geophysics，IUGG) 创立于 1987 年，并于 1988 年 1 月正式运行，随后在 2003 年由原来的 "International Earth Rotation Service" 更名为 "International Earth Rotation and Reference Systems Service"，一直沿用至今。它的主要工作是为天文学、大地测量和地球物理的相关委员会服务，提供如下重要产品：

(1) 国际天球参考系 (International Celestial Reference System，ICRS) 及其物理实现，即国际天球参考架 (International Celestial Reference Frame，ICRF)；

(2) 国际地球参考系 (International Terrestrial Reference System，ITRS) 及其物理实现，即国际地球参考架 (International Terrestrial Reference Frame，ITRF)；

(3) 用以研究地球定向变化的地球定向参数 (EOP)，同时也是 ICRF 与 ITRF 之间的转换参数；

(4) 用以解释 ICRF、ITRF 或 EOP 在空间/时间上变化的地球物理场数据；

(5) 建议全球范围内遵循的相关数据处理标准、常数和模型等规范。

IERS 发布的 ITRF 是目前应用得最为广泛的地球参考架。目前 ITRF 的建立和维持是由 IERS 的全球空间大地测量技术国际服务组织 IVS/ILRS/IGS/IDS 根据各个技术的全球观测测网数据得到的技术内综合解，经由再综合分析后得到的站坐标和速度场来具体实现的。表 2.1 给出了 ITRF 系列演化情况，从表中可以看出，参考历元随着地球参考架的更新不断向前推移，测站数也在不断增加，速度场由原来的地质模型转变为实测速度场。从第一次正式发布的 ITRF 版本——ITRF88 开始，至最新版本 ITRF2020，IERS 一直不断改进和提高 ITRF 精度和适用性。在观测技术采用方面，从 ITRF91 开始，引入了 GPS 技术，而 LLR 由于全球测站少，且对建立 ITRF 贡献有限，因此，从 ITRF93 开始不再使用。而后从 ITRF96 开始引入了 DORIS 观测资料，ITRF2020 又列入了除 GPS 外的其他导航系统数据，到目前为止，ITRF 由 VLBI、SLR、GNSS 和 DORIS 这四种技术构建。除

表 2.1 IERS 实现的国际地球参考架 ITRF 的演化

	ITRF88	ITRF89	ITRF90	ITRF91	ITRF92	ITRF93	ITRF94	ITRF96	ITRF97	ITRF2000	ITRF2005	ITRF2008	ITRF2014	ITRF2020
观测技术	VLBI SLR LLR	VLBI SLR LLR	VLBI SLR LLR	VLBI SLR LLR GPS	VLBI SLR LLR GPS	VLBI SLR GPS	VLBI SLR GPS	VLBI SLR GPS DORIS	VLBI SLR GPS DORIS	VLBI SLR GPS DORIS	VLBI SLR GPS DORIS	VLBI SLR GPS DORIS	VLBI SLR GPS DORIS	VLBI SLR GNSS DORIS
参考历元	88.0	88.0	88.0	88.0	88.0	93.0	93.0	97.0	97.0	97.0	2000.0	2005.0	2010.0	2015.0
速度场	AM0-2 AM1-2	AM0-2 AM1-2	AM0-2 AM1-2	AM0-2 NNR-NUVEL1 少量实测	NNR-NUVEL1 实测	NNR-NUVEL1 实测	实测 (NNR-NUVEL1A 约束)	实测	实测	实测	实测	实测	实测	实测
台站数目	96	105	124	130	152	157	214	290	325	800	608	934	1499	1845

了观测技术的变化以外，在 ITRF 模型建立上，包括确定原点、尺度、定向的协议和速度场的确定方案等，都在不断精化和提高，从 ITRF2005 开始，首次将 EOP 引入解算过程中，与地球参考架同时综合解算，目的是尽量给出自洽的 ITRF 结果和 EOP 综合时间序列 (何冰，2017)。

　　ITRF2005 与包括 ITRF2000(Altamimi et al., 2002b) 在内的所有历史版本最大的两点不同之处，其一是输入数据由各个技术的长期解变成了各技术内的站坐标和 EOP 的技术内周解或者 24 小时观测解的长时间序列。其中，SLR、GPS、DORIS 为周解，VLBI 为 24 小时观测解。另外，DORIS 未能提供综合解，而是两家分析中心单独解算的结果。使用站坐标周解的时间序列的优点在于不仅可以监测台站的非线性运动和跳变 (Altamimi et al., 2005)，还可以分析参考架物理参数的时变性 (Altamimi et al., 2003; Meisel et al., 2009)。其二是首次在综合参考架的同时解算了与参考架自洽的多种技术综合 EOP。ITRF2005 原点定义在地球质心，具体是这样实现的：ITRF2005 与 ILRS SLR 技术内综合解的时间序列在历元 2000.0 时的平移参数及其速率等于零。其尺度定义是这样实现的：ITRF2005 与 IVS VLBI 技术内综合解时间序列在历元 2000.0 时的尺度参数及其速率等于零。其定向的定义是这样实现的：ITRF2005 与 ITRF2000 之间的旋转参数在历元 2000.0 及其变化速率等于 0。

　　ITRF2008 与 ITRF2005 相比，输入数据类型以及参考架基准定义的实现方法是相同的，但它同时也是一个更为改进的版本。与 ITRF2005 相比，不仅仅是数据的更新，而且 DORIS 技术首次也以技术内综合周解的输入形式参与到综合当中 (Altamimi et al., 2011)。ITRF2008 与 ITRF2005 之间的平移参数在 x、y、z 三个方向上的分量依次是 -0.9mm，-0.5mm 和 4.7mm，而 ITRF2008 的尺度参数的精度处于 1.2ppb[①]的水平 (Altamimi et al., 2011)。Wu 等 (2011) 研究表明，ITRF2008 的原点与平均的地球质心之间的差异在 0.5mm/a 的水平上。

　　ITRF2014 是 ITRF 的首个非线性地球参考架，与以往的 ITRF 版本相比，它作了两项主要改进和突破 (Altamimi et al., 2016)：

　　(1) 首次引入了测站非线性运动的模型，包括测站位置变化的季节信号 (周年和半周年项) 以及大型地震引起的测站震后形变模型。

　　(2) 不仅使用了截止到 2014 年底的四种观测技术全部历史观测数据，而且各观测技术均对原有数据进行了再处理，生成了新的技术内综合解。尤其是 GPS 技术，由原来的综合周解变为日解。

　　ITRF2020 是目前最权威和最新的地球参考架，主要由 VLBI、SLR、GNSS (GPS、GLONASS、Galileo) 和 DORIS 综合确定，采用 4 种空间大地测量技术

---

① 1ppb $= 10^{-9}$，十亿分之一。

(VLBI、SLR、GNSS 和 DORIS) 提供的台站位置和地球定向参数及并置站的本地连接作为输入数据。其中，VLBI 输入的数据是 IVS 利用 11 个不同分析中心解算的 1979~2020 年法方程综合而成，相对于提供给 ITRF2014 的输入数据，解算过程中采用了一些新的模型，包括光行差 (aberration)、极潮、天线重力形变、高频 EOP 模型 (Desai et al., 2016)。SLR 输入的数据是 ILRS 综合 7 个分析中心提交的 1983~2020 年的每周/两周松弛约束解而成的 SINEX 文件，其解算采用的模型尽可能和 IERS Conventions 2010 保持一致。GNSS 输入的数据为 IGS 综合 10 个分析中心提交的 1994~2020 年的 GPS、GLONASS 和 Galileo 处理结果而成的 SINEX 文件。DORIS 输入数据为 IDS 综合 4 个分析中心 1993~2020 年的解算结果而成的 SINEX 文件。与 ITF2014 相比，做了几项改进，包括：将 4 种技术的时间序列严格叠加在一起，添加本地连接，约束并置站不同技术间的速度和季节性信号一致；对具有足够时间跨度的 4 种技术的台站坐标除估计周年和半年项，还对一些站考虑了 8 个周期信号；通过 GNSS 数据拟合，确定受大地震影响的台站震后形变 (PSD) 模型，并将其模型应用于并置站其他 3 个技术。

2.3　利用空间大地测量技术建立地球参考架概况

经典的大地测量参考架是由天文大地网来维持的大地参考架，它是一个非地心的、区域性的、静态的 "2+1" 参考系统，即由二维的水平坐标系和通过正高加大地水准面差距 (或正常高加高程异常) 得到的大地高的垂直坐标系组合而成。由于测量技术和数据处理手段的制约，这些由天文大地网所建立的大地测量参考架存在着比较大的内部误差和局部畸变，因此经典的大地测量参考架已难以满足现代高精度长距离定位、精密测绘，特别是板块运动和地壳形变测量、地震监测和地球动力学研究等方面的需求 (叶叔华等，2000)。

20 世纪 60 年代以来，随着 SLR、VLBI、GNSS、DORIS 等空间大地测量技术的兴起与发展，以其在测量精度、时空分辨率及测站地心坐标获取等方面的优势，为研究地球系统提供了非常有用的信息。其中，最重要的贡献主要包括：建立和维持高精度的地球参考架和天球参考架，监测 EOP，对大气延迟的观测与估计，对地球重力场低阶球谐系数的确定以及卫星定轨等。尽管，不同空间大地测量技术都对地球参考架和 EOP 是敏感的 (Seitz, 2015)，但是，不同技术对以上各项工作中涉及的不同参数确定的能力 (可测性和最高精度) 是不尽相同的，特别是，在建立地球参考架时，不是每一种技术都能独立确定原点、尺度、定向等所有参考架基准定义要素。因此，在了解不同技术测量原理的基础之上，精准地分析不同技术在建立地球参考架时的优缺点，这是将各技术综合起来确定高精度地球参考架的基础。综合地球参考架和 EOP 的四种技术都有各自的优缺点，为此，需要将四种技术结合在一起，充分发挥各技术的优势，弥补单一技术的缺陷，获得更优的综合解。

SLR 是通过精确测定激光脉冲从地面测站到卫星反射器的往返时间间隔 (距离)，从而确定卫星的轨道参数、EOP、测站坐标和运动速度等。SLR 观测精度高，误差改正明确，对钟差、电离层等不敏感。SLR 数据处理方法通常是一种动力学测地方法，卫星的轨道参数、测站坐标 (包括速度) 和 EOP 是同时解算的。SLR 对建立地球参考架的最重要贡献在于对其原点和尺度的定义，同时也是监测地心运动的有效手段 (Collilieux et al., 2009)。SLR 数据处理中采用模型和常数系统就确定了 SLR 地球参考架的原点和尺度，在卫星轨道确定中用的地球引力场模型的三个一阶系数为零，就从理论上把 SLR 地球参考架的原点定义到了地球质心 (包括海洋和大气在内)，而光速 c 和地球引力常量 G_M 以及所采用的相对论改正模型确定了地球参考架的尺度 (主要是通过传播时间的测量，也即距离测量)，地球参考架的原点和尺度精度对于地球形变和海平面变化研究等至关重要。由于大部分激光卫星离地不太远，对地球物理因素和质心运动的影响比较敏感，这为监测地球物理参数和质心的运动提供了有利条件。但是，由于 SLR 技术的观测量是一个无方向观测量，SLR 的定向有一定的随意性。目前，SLR 技术建立的地球参考架由分布在全球的约 146 个测站 (统计最新的 ITRF2020 结果) 组成，全球分布不均匀，这是 SLR 技术确定地球参考架精度受限的因素之一。

VLBI 是一种相对测量技术，观测量为测定射电源信号到达两测站的时间差，数据处理用的是几何法。无论是观测数据还是数据处理方法，均与地球质心无关，故 VLBI 无法确定地球质心位置。VLBI 技术有一个其他空间技术无法比拟的优点：VLBI 观测的是河外射电源，因此利用 VLBI 观测可建立一个以河外射电源为参考点的天球参考架，可以与 VLBI 地球参考架很好地联系起来。另外，VLBI 的观测数据和数据处理方法基本上与地球引力场无关，其尺度因子主要取决于光速 c，这使得 VLBI 在地球参考架的建立和维持中，至关重要的尺度因子的长期稳定度优于其他技术。

从 GNSS/GPS 对地球参考架的贡献来说，大体有如下优点。

(1) IGS/GNSS 测站在空间分布和布站密度上都是拥有绝对优势的，尤其是在各主要地壳板块的覆盖和采样上有不错的表现。这对于地球参考架的坐标轴定向来说是十分重要的，因为协议地球参考架需要满足的无整体旋转模型 (no-net-rotation，NNR) 正是直接应用于把地球表面离散化的地球板块上的。

(2) 利用 GNSS 的相关产品 (轨道和钟差等)，GNSS 能够做到实时或者近实时地解算地球参考架。

(3) GNSS 测站在局部连接 (local ties) 上占有非常大的比例，可以说正是 GNSS 的引入，才能够将其他三种技术联合起来，对地球参考架作综合解算。

除了上述优点以外，对于建立和维持高精度、高稳定度的地球参考架，GNSS技术和测站网络也依然存在着某些方面的缺陷，比如：

(1) 轨道模型误差造成 GNSS 技术无法给出精确的地心和坐标原点；

(2) 地基天线和卫星天线相位中心变化 (phase center variation，PCV) 造成 GNSS 技术也无法给出精确的尺度参数；

(3) 50%的 GNSS 测站都因为仪器的原因发生过非连续性跳变，很多 GNSS 测站的观测质量和稳定性仍待提高。

DORIS 精密定轨和精确定位是基于精确测定星载 DORIS 信号接收机接收的来自地面 DORIS 信标机发射的无线电信号的多普勒频移，属于双频多普勒方法。IERS 于 1994 年正式接受 DORIS 为维持地球参考系的另一种新的技术。DORIS 观测的密集和全球均匀分布改善了以前 IERS 的全球地面观测网的不均匀性，尤其是对南半球的观测覆盖功不可没。

2.4　地球参考架建立与维持可能发展方向

通过第 1 章地球参考架确定现状的了解，以及本章地球参考架建立与维持相关知识的介绍和 ITRF 历史演化及 GNSS、SLR、VLBI 和 DORIS 四种技术确定地球参考架的优缺点和贡献能力的比较分析，基本可以掌握地球参考架的实现就是通过现有观测手段不断地改进和提升，尽可能逼近理想地球参考系的定义。但是，由于目前测量手段的限制，海洋上四种空间大地测量技术测站存在严重空白，而海洋的深入探测与开发离不开高精度的大地基准，因此，海洋大地测量基准的建立与维持是地球参考架发展的方向之一。

目前的地球参考架主要依赖陆地空间大地测量手段建立，往往和基于海洋探测手段给出的基准存在不一致的问题，也和深空探测所需要的空间基准有差距，如月球探测还需要月球参考架，火星探测还需要火星参考架等，而实际应用中，需要无缝连接海、陆、空甚至太阳系及其他行星参考架，因此，地球参考架未来发展方向之一就是将海、陆、空、行星测量等不同数据如何融合，给出自洽一致的天地协同的时空基准，保障我国各领域应用的一致性和自洽性，满足高精度近地、近海和深空探测等需要。

随着 GNSS、低轨星基增强等技术的发展，其测量精度有可能进一步提高，测量误差建模水平也在不断提升，这些使得其有可能突破目前地球参考架原点由 SLR 技术唯一确定的局面，大量高精度低轨测量数据的加入有可能提高地球参考架原点确定精度，同时，也有可能对地球参考架尺度因子的确定做出贡献，这需要进一步研究和攻关，提升其测量精度和误差建模水平。

另外一个发展方向就是高精度的多技术并置台站建设及其高精度并置连接测

量。我国"十四五"科教基础设施项目"自主先进空间基准平台"在上海三技术并置站的基础上，已经着手建设吉林长白山、西藏日喀则、新疆南山三个高精度多技术并置站和上海一个自主先进空间基准发展中心，高精度的多技术并置台站是实现多技术观测数据融合处理的关键台站，已成为制约目前 ITRF 精度的重要因素之一，因此，更多更高精度的多技术并置测站的建立及其本地连接测量也是地球参考架发展方向之一，不但有利于提高地球参考架的稳定性，而且对不同技术间系统差的研究和分析也至关重要。

综合利用多种空间大地测量技术建立高精度地球参考架，除了本地连接 (local tie) 和全球连接 (global tie) EOP 约束不同空间技术外，通过增加多种空间大地测量技术的大气连接 (atmosphere tie) 来增强不同技术之间的约束，是近几年新的探索热点和攻关方向，在一定程度上可弥补全球多技术并置站数量少和空间分布不均匀的缺陷。目前全球并置站共有 92 个，通过考虑并置站及其周边不同技术之间大气相互关系，来增强地球参考架的稳定性和精度。2019 年，IAG 成立了一个联合工作组 JWG "Intra- and Inter-Technique Atmospheric Ties"，它是 2015 年成立的 IAG JWG 1.3 "Tropospheric Ties" 的继续，联合 IAG Commission 1 (Reference Frames)、Sub-Commission 4.3 (Atmosphere remote sensing) 和 GGOS 进行工作，由近 20 位国际权威专家组成，目的是研究不同技术之间的大气延迟差异及机制，估计大气参数之间的时空相关性，探究将大气参数引入多技术地球参考架确定的方法，提升地球参考架稳定性。作者自 2015 年起，就是该联合工作组十多个成员中的唯一中国代表。

最后，就是目前 GNSS、SLR、VLBI 和 DORIS 数据处理方法和模型都还有提升空间，它们的改进将有利于地球参考架精度和稳定性的提升。当然，其他新技术的开发和研究也有可能对地球参考架的建立有进一步帮助，包括影响地球参考架的非线性影响因素及机制、数据处理方法等，有人提出，地球参考架不仅应该和 EOP 一起解算，而且也应该和天球参考架一起解算，提高它们之间的自洽性和解算的稳定性，这些有待于更多不同领域专家和技术人员通力合作才能实现。

第 3 章　地球定向参数确定与综合

EOP 是研究地球自转的关键参数，不仅对研究自转变化机制、板块运动、固体潮、地球内部结构、地球表面物质运动以及时间系统维持等天文地球动力学问题具有重要的意义，同时也在卫星导航与应用、深空探测以及军事领域中有着重要的应用。

直至 1972 年，基于光学仪器测量的天体测量学还是监测 EOP 的唯一手段和途径。继 VLBI、SLR、GNSS、DORIS 等技术的成熟和发展，空间大地测量技术逐步显现其监测 EOP 的能力和优势，并逐渐替代了光学测量方法 (Gambis et al., 2005)。但是，不是每种技术都能够测量全部的 EOP，不同技术测量的参数可能存在着系统性误差，因此，综合多种技术的 EOP 解算，可取长补短，集中优势。

在将各个技术解算的 EOP 进行综合之前，有必要对各个技术解算 EOP 的特点进行分析，包括时间分辨率、内部精度、长期稳定性等，才能够以此为依据对各个技术的 EOP 进行必要的加权、平滑和插值，继而评估综合 EOP 的内外符合精度。

3.1　四种技术确定地球定向参数概况

3.1.1　VLBI 测定 EOP

所有空间大地测量技术在确定 EOP 时都有其各自的特点，不可替代。VLBI 是目前对 EOP 进行快速精确测定的主要技术，是一种相对测量技术，通过测定来自河外射电源的信号在两个接收机天线之间的传播时间差来确定地面点位的相对位置。VLBI 数据处理用的是几何方法，观测对象是极为稳定的河外射电源，测站装备了高稳定的氢原子钟，由此保证了 VLBI 在三大空间技术 (VLBI、SLR、GNSS) 中对 EOP 的确定起到最为全面和精度稳定的特点。VLBI 技术相对于其他空间技术无法比拟的优点是：VLBI 观测的是河外射电源，因此利用 VLBI 观测可建立一个以河外射电源为参考点的天球参考架，可将地球参考架与天球参考架很好地联系起来，这也使 VLBI 成为唯一能完整测定 EOP 的空间技术，其他空间技术只能测定 EOP 中极移和日长变化。由于 VLBI 设备价格昂贵，不利于在全球加密布网，目前 VLBI 观测台站大部分集中在北半球，造成地球表面的非均匀覆盖。

1990 年以来，美国地球定向服务 (National Earth Orientation Service of USA，NEOS) 网和欧洲定轨中心 (Center for Orbit Determination in Europe，CODE) 计划观测网进行 24 小时的常规观测确定 EOP，我国的上海佘山和乌鲁木齐 VLBI 站也是其主要成员。该网 EOP 的监测结果约延迟一周发表在 IERS 的 Bulletin A 上，IERS A 通报的极移精度约为 0.2mas，UT1 精度约为 0.02ms。2002 年，NEOS 网和 CODE 网观测并入 IVS 观测网络。IVS 的 EOP 观测网络由 IVS-R1、IVS-R4、IVS-E3 以及 IVS-INT1 和 IVS-INT2 组成。IVS-R1 和 IVS-R4 是 NEOS 网和 CODE 网的继续，它们提供每周两次的 EOP 观测结果；IVS-E3 每月观测一次；IVS-INT1 和 IVS-INT2 观测网用于监测 UT1，是单基线观测，可一周观测 2~4 次，每次观测 1 小时，观测结束后 24 小时之内给出 UT1 的解算结果。目前 VLBI 数据分析软件主要有美国 GSFC 的 CALC/SOLVE 软件系统、德国的 OCCAM、JPL 开发的 MODEST/MASTERFIT 和美国麻省理工学院 (Massachusetts Institute of Technology，MIT) 开发的 CALC/SOLVK 及奥地利的 VieVS (the Vienna VLBI and Satellite Software)，上海天文台目前采用美国的 CALC/SOLVE 和德国的 OCCAM 及奥地利的 VieVS 软件系统。

我国的 VLBI 技术开发是在进入 20 世纪 70 年代后开始的，在叶叔华院士领导下，1975 年提出首先建立一个 6m 的试验干涉仪进行前期的预研究，1979 年正式提出建立中国的 VLBI 干涉仪及台站系统，初步包括上海、乌鲁木齐、昆明三个台站及一个相关处理中心，并决定首先在上海建立一个 25m 的射电天线。利用 6m 天线，1981 年 11 月与德国的一个 100m 天线在 21cm 波长进行了干涉测量。1984 年、1985 年与日本在 3.6cm 波长进行了两次干涉测量，首次以 3~5cm 的精度测定了上海到日本的基线长度。一年后 VLBI 二期工程开始实施：建立乌鲁木齐站的 25m 射电天线以及研制相关处理机，并将昆明的一个 10m 天线改造成射电天线。1987 年 11 月上海站建成并投入调试运行。1994 年 10 月乌鲁木齐站建成。1998 年底为总参测绘局研制的 3m VLBI 流动站投入调试运行。借助于我国探月工程的促进，2004 年我国开始建立两个新 VLBI 台站：北京密云 50m 天线和云南昆明 40m 天线，两站于 2006 年 5 月建成，并于 5 月底和上海佘山站、新疆乌鲁木齐站成功完成了连续 5 天的准实时 VLBI 观测，同时在同年 6 月初利用我国的 VLBI 网进行了一次准 24 小时的测地 VLBI 实验，并利用我国的相关处理机进行了相关处理，具备了独立自主的 VLBI 甚至中国 VLBI EOP 测量工作能力。

3.1.2　SLR 测定 EOP

SLR 技术是由激光测距仪测定地面观测站至人造卫星的距离来确定卫星的轨道参数、EOP、观测站的站坐标和运动速度等。SLR 的数据处理方法通常是一种动力学测地方法，卫星轨道参数、测站坐标 (包括速度) 和 EOP 同时解算。自

1964 年美国发射的第一颗激光卫星 "Beacon-B" 以来，激光测距技术在各方面都得到了很大的发展。在测距精度上，从最初的米级提高到分米级、厘米级甚至毫米级；在测距能力上，从最初的一两千 km 提高到 4 万 km，目前正在开展行星际激光测距；在测距方式上，在单色激光测距基础上发展了双色/多色激光测距，测距频率由 10Hz 低重复频率发展到高重复频率 (10kHz)。1998 年 11 月成立国际激光测距服务 (ILRS) (Pearlman et al., 2019)，负责协调全球激光测距网的联测任务和提供 ILRS 各种产品，2004 年开始提供基于 7 天观测的每周 EOP 产品，支持 IERS EOP 的综合和参考架的维持 (Pearlman et al., 2007, Sciarretta et al., 2010)。目前 ILRS 给出极移精度约 0.2mas。UT1 和章动原则上也可以估计，但是由于它们和轨道升交点赤经的相关性较强，很难分开。实际处理结果显示 Lageos-1 升交点每月有一个 0.5ms 的漂移，LOD 估计精度在 0.05ms。

我国的 SLR 技术是在 20 世纪 70 年代开始研发的。1971~1972 年华北光电技术研究所 (与北京天文台合作) 和上海天文台 (与上海光机所合作) 在国内最早开始 SLR 试验，研究第一代激光测距系统。1983 年，由中国科学院组织、几个研究所协作完成的第二代 SLR 系统在上海天文台投入运转，测到了 8000km 远的 Lageos 卫星，单次测距精度达到 15cm，并参加了 MERIT 国际地球自转联测；中国科学院长春 SLR 站于 1992 年正式参加国际联测。1997 年 8 月，SLR 系统有重要改进，单次测距精度从 5cm 提高到 1~2cm，观测数量和质量均有了显著改进；北京 SLR 站属国家测绘局，从 1994 年参加国际联测，1999 年以来有了重要改进，目前的测距精度也达到了 1~2cm，每年可获得约 1500 圈数据；武汉 SLR 站由中国科学院测量与地球物理研究所和中国地震局地震预测研究所联合建立，1988 年开始参加国际联测，由于地处市区，天气不好，资料较少，2000 年，搬到郊区，观测条件有所改善；中国科学院云南天文台于 1998 年参加国际联测，该系统望远镜口径 1.2m，激光能量强，具有很强的测距能力，具有成为月球测距站的潜力；两台卫星激光测距流动站均由中国地震局地震预测研究所研制，其中一台属西安测绘研究所，一台属中国地震局地震预测研究所，用于监测中国地壳运动。2006 年由中国国家天文台在阿根廷 San Juan 建立了一套激光测距系统，由于地理位置及天气状况良好，每年的测量圈数在 5000 圈以上，成为一个重要的台站。中国卫星激光测距网成立于 1989 年，包含了上述 6 个固定站和 2 个流动站，目前网的负责单位是上海天文台。上海天文台负责国内 SLR 观测的组织协调，统一观测规范，与国内兄弟单位合作进行技术改造。上海天文台还是卫星激光测距区域数据中心和数据分析中心，负责国内激光测距资料的归档，观测资料的评估等。2004 年中国卫星激光测距网成功实现了对神舟四号飞船的联测。2008~2009 年对资源卫星进行了全网联测，为其精密定轨提供了高精度测距数据。

国内关于 SLR 数据处理的工作主要是上海天文台承担。早在 20 世纪 80 年

代，上海天文台就开始研究用 SLR 数据独立测定 ERP。1985 年黄珹等就利用
LAGEOS 卫星的全球激光数据精确测定了 EOP，建立了上海天文台 ILRS 辅助
分析中心的 EOP (ERP) 序列——ERP (SHA) 85L01，当时极移的内符精度达
2mas，日长变化精度为 0.13ms，极移变化率的测定是 1mas/d。随着激光测距精
度和处理技术的不断提高，上海天文台冯初刚等通过对 1995~1999 年 Lageos-1
的资料进行分析处理，结果表明定轨残差好于 2cm，解得的 EOP 序列精度：极移
x 分量 x_p 达 0.43mas，极移 y 分量 y_p 达 0.41mas，LOD 达 0.022ms。朱元兰等又
利用上海天文台多星定轨的软件 (COMPASS)，对 1998 年 1 月 ~2001 年 12 月
期间的 Lageos-1、Lageos-2 卫星的激光测距资料重新归算了 EOP (COMPASS)，
并将结果与同期的 EOP (IERS) C04 进行了比较，得到其外符精度为：极移 x_p
为 0.32mas，y_p 为 0.34mas，LOD 为 0.025ms。2006 年朱元兰等又利用我国 SLR
网卫星 Lageos-1 的激光测距资料独立测定 EOP，选取了 2001 年 4 月 19 日 ~5
月 30 日，2001 年 9 月 1 日 ~10 月 30 日这两时段国内 SLR 网 (5 个固定站加
新疆或西藏流动站，由于实际情况仅三个站有数据，其他站很少或近乎整月无数
据) 对 Lageos-1 卫星的激光测距资料，进行了 EOP 确定，并将其结果与 IERS
的 EOP C04 序列进行比较，极移外符精度为 4~5mas，LOD 变化精度为 0.32ms
(仅用国内资料解算)，这显示我国不但具有利用全球 SLR 数据独立解算 EOP 的
能力，也具有利用我国区域 SLR 网数据解算 EOP 的能力。

3.1.3　GNSS 测定 EOP

　　GNSS 测定 EOP 服务最先主要是 GNSS 技术，GNSS 测定 EOP 的观测量
类似 SLR，本质上也是测量 GNSS 接收机到 GNSS 卫星的距离，其数据处理方
法与 SLR 的数据处理相同，也是采用卫星动力学测地方法，卫星轨道、测站坐标
(包括速度)、EOP 以及其他有关参数同时解算。在 EOP 监测中，GNSS 技术可
提供准实时的快速服务和 EOP 的高频变化监测。与 SLR 技术相比，GNSS 的弱
点是，GNSS 所有信号由卫星钟控制、卫星天线发射，能量来自太阳翼板，卫星
钟差、太阳能翼板定向偏差，特别是卫星天线相位中心的不确定性使 GNSS 观测
量和测量结果产生一定程度的复杂性，GNSS 测定 EOP 的长期稳定性较差，影
响 EOP 预报。另一个弱点是，GNSS 卫星是高轨卫星，它对地球质心运动和一些
地球物理参数的监测没有 SLR 那么敏感。基于密集测站网络的近实时连续观测，
GNSS 有能力给出目前最为精确的快速极移参数。

　　同 SLR 一样，GNSS 的观测量也是无方向性的观测量。因此，由 GNSS 技术
建立的地球参考架定向也有一定的随意性。GNSS 优势是：① GNSS 卫星星座的
全天球覆盖，GNSS 观测台站的全天候、连续、密集观测；② GNSS 设备质优价廉、
观测方便灵活，使 GNSS 测站的全球密集覆盖和重点地区的加密布网成为可能；

③ GNSS 观测信号丰富，可提供多层次服务，能在全球范围内向任意多用户提供高精度、全天候、连续、实时的三维测速、三维定位和时间基准；④ 在 EOP 监测中，GNSS 技术可提供准实时的快速服务和 EOP 高频变化监测。

为了提高 EOP 监测的时间分辨率，从 20 世纪 80 年代开始，国外就开始进行 GNSS 用于 EOP 快速测定和高频变化测定的研究。目前 JPL 用几个小时全球 GNSS 数据解算出来的 x_p 和 y_p 与 VLBI、SLR 结果相比，互差约在 0.7mas，UT1−UTC 的互差约为 0.03ms。研究表明，GNSS 监测 EOP 二十天内的高频变化，其精度优于 VLBI，但长期稳定性较差。

国内关于 GNSS 定轨、测定 EOP 的工作早在 1992 年就已经开始了，上海天文台熊永清的硕士论文和王解先的博士论文都对此进行了研究；1995 年，郑大伟等又对 GNSS 测定 EOP 的高频分辨率进行了研究；2005 年，武汉大学姚宜斌等在《武汉大学学报》上发表了利用 IGS SINEX 解解算 ERP 序列的结果。目前国内在我国北斗数据处理和全球连续监测评估系统 (International GNSS Monitoring and Assessment System，iGMAS) 的推动下，上海天文台、武汉大学、长安大学等多家单位都可以近实时处理 GNSS 数据和提供有关卫星轨道、钟差、EOP 产品等，并对产品的精度进行评估。

3.1.4 DORIS 测定 EOP

国际 DORIS 服务 IDS 于 2003 年成立，开始提供全球较均匀分布的 50 个跟踪站的 DORIS 数据及有关产品，包括全球 SINEX 解、卫星轨道、EOP 时间序列、测站坐标的时间序列和相应的电离层参数等。参与 IDS 数据计算的分析中心有 8 家单位，其中 EOP 时间序列由 IGN 提供。解算 DORIS EOP 的常用软件有：UTOPIA、GEODYN、GIPSY/OASIS 等，IGN 使用的是 GIPSY/OASIS 5.0 版本。IDS 提供每日一组 EOP 结果，每周更新一次，精密 EOP 一般延后 4~8 周发布，其精度随着可用卫星数目而变化，极移的均方根值 (root mean square，RMS) 最差达到 2mas (2 颗)，而卫星数量在 5 颗时，精度可提高到 0.9mas。显然，卫星数目对 EOP 解算的精度起着决定性的作用。通过比对不同分析中心 1999~2006 年的极移数据的分析 (Altamimi et al., 2006)，法国太空研究分析中心 (CNES/CLS Analysis Center，LCA) 解算的 DORIS EOP 与 GNSS/IGS EOP 的差别最小，x_p 差别为 0.48mas，y_p 差别为 0.44mas，而其他分析中心 (IGN 与俄罗斯科学院天文学研究所 (Institute of Astronomy of the Russian Academy of Sciences，SAN)) 的结果与前面的分析结果相仿。未来 DORIS 星座的增加、DORIS 接收机的升级和解算模型的改进可能会对 EOP 精度的提高与评估有一定的帮助。

国内关于 DORIS 数据处理和研究是较少的，上海天文台为了定轨进行过一些研究，目前已对单颗星进行了轨道和 EOP 同时估计，发现其精度较差，因此，决定研制多星一起处理监测 EOP 软件。鉴于 DORIS 测站全球分布较均匀,目前尽管卫星数目不多,但是未来几年将陆续发射多颗,对 EOP 这样的全球参数监测还是具有重要意义。

3.2   IERS 地球定向参数产品

面向不同用户需求,IERS 下属的快速服务/预报中心 (Rapid Service/ Prediction Centre,RS/PC) 和地球定向中心 (Earth Orientation Centre, EOC) 共同提供了包括快速结果 Bulletin A、标准结果 Bulletin B/C04 和长期结果 C01 等在内的不同类型的 EOP 产品 (Gambis et al., 2003; Dick et al., 2014)。它们的共同点是:均对多种技术观测解算的 EOP 结果进行综合。表 3.1 总结了 IERS 各 EOP 产品概况和主要差异。

表 3.1   IERS 各 EOP 产品概况和主要差异

	更新频率	解的类型	综合机构	参与的大地测量技术	预报天数
Bulletin A	每日或每周	快速解	RS/PC	VLBI GNSS AAM (大气角动量) SLR (仅每周更新中)	每日更新文件:90 天;每周更新文件:1 年
Bulletin B	每月	标准解	EOC	VLBI GNSS SLR	—
C04	每周两次	标准长期解	EOC	VLBI GNSS SLR DORIS	180 天
C01	—	长期解	EOC	VLBI SLR, LLR GNSS	—

Bulletin A 是为了那些在 Bulletin B 发布之前就需要 EOP 作实时或者准实时操作的用户,甚至还需要 EOP 预报数据 (Mccarthy et al., 1991)。Bulletin A 的主要处理方法包括对各种输入的 EOP 消去系统偏差以及平滑处理去除高频噪声 (Gambis et al., 2003)。Bulletin B 则是为了不需要实时处理的一般用户的使用需求,它是由各空间大地测量技术相应的技术中心 (Technique Center,TC) 提供的 EOP 综合序列再经过综合而来,主要包括了系统差消除和统计加权以及平滑处理等步骤。C01 序列则是以 0.1 年 (1846~1889 年) 和 0.05 年 (1890 年至今) 为采样间隔的长期 EOP 序列。如果用户需要对地球定向进行科学的或者长期的分析,则建议使用 IERS 提供的相应的长期连续的 EOP 综合序列。

IERS EOP C04 (Bizouard et al., 2009) 序列作为 IERS 面向用户最广的 EOP 标准解长期序列，同时也将是本书后序章节中分析 EOP 综合结果的外符精度的 EOP 参考序列，有必要对其综合方法作大致的介绍。IERS 的 EOP C04 以 VLBI、GNSS、DORIS、SLR 等四种空间技术对应的国际服务中心即 IVS、IGS、IDS 和 ILRS 提供的技术内综合 EOP 序列及个别单独解算的 EOP 序列作为输入，采用 Allan 协方差法或者"三角帽"法作为各技术间相对权因子的给定方法，再经过滑动平均、高频滤波、插值等过程，最终求得综合 EOP 序列解。其主要解算步骤如下所述。

第一步，利用"三角帽"方法 (Premoli et al., 1993)，对输入的 EOP 序列重新求解形式精度，以一个乘算子系数的形式加到原有的序列精度上。

第二步，将所有输入的 EOP 序列，转化到 ICRF 和 ITRF 框架下。在假设 IVS 综合 EOP 序列给出的天极偏差 (dPsi，dEps) 与 ICRF 的协议地球极 (CIP) 无明显偏移、从 1993 年开始的 IVS 综合 EOP 序列给出的 UT1 序列与 ITRF 相对于 ICRF 的自转角无明显偏移、ITRF 解中给出的极移与 CIP 在 ITRF 中的指向无线性趋势等前提条件下，通过拟合输入的 EOP 序列与作为参照的 EOP 序列之间的偏移 (偏差和线性趋势)，来达到与 ICRF 和 ITRF 一致的目的。

第三步，将每一个输入的 EOP 序列与参照的 EOP"中间"序列作差，使得接下来的平滑、综合等操作都是对较差序列进行。

第四步，平滑滤波，消去卫星测地技术中 LOD 序列相对于 VLBI 测得的 UT1 序列的线性趋势。

第五步，参数按照时间先后重新排列。

第六步，滑动平均。

第七步，重新定权。对野值进行 1/10 倍的降权后再重复第六步。

第八步，高频滤波。利用 Vondrák 平滑去除高频变化。

第九步，拉格朗日插值。使得上一步得到的序列成为以 1 天为采样间隔的序列。

第十步，把第三步中减去的"中间"序列再加回来。

第十一步，预报。向后预报 180 天。

由以上步骤可以清楚地看出，原有的 EOP 输入序列，即各分析中心综合的 EOP 序列和个别机构解算的 EOP 序列，与 ICRF 和 ITRF 是存在不一致性的。针对这一点，上述第二步以估计这些序列与参照的序列之间的偏移的方式去作补偿。这样一种将 EOP 与 ITRF 分开求解的方式也得到了国际上众多学者的讨论。将 EOP 与地球参考架分离开来，单独校正各个技术求得的 EOP 系统偏差，并且在此基础上用经验权进行综合，存在不可避免的偏差改正问题，因为它并没有精确掌握原 EOP 序列相关地球参考架的信息 (Ray et al., 2005)。在综合的过程中，此方法丢失了与地球参考架的相关性信息，并且由于不同技术采用了不同的地球参考架和基准定义，这种系统性差别也引入综合解中 (Gambis, 2004)，此方法的缺点众所周知，所以各机构逐步转向研究 "EOP+TRF" 联合起来同步综合的方法。从 ITRF2005 往后的 ITRF 都是基于 SINEX 文件序列的地球参考架和 EOP 同时综合的结果，可提供另一组 EOP 综合序列。IERS 对该综合序列与 EOP C04 作了分析和比较，两者之间存在一定偏差，并且认为这个偏差小于 EOP C04 的精度水平。但是不可否认的是，EOP C04 仍然建立在 ITRF 和 EOP 分别解算的基础之上，而在如卫星精密定轨、海平面变化的诸多研究对 EOP 精度要求日益提高的背景下，可能会对 EOP 的综合方法提出更为严格的要求。

3.3　地球定向参数确定与综合研究进展

除了 IERS EOP 综合系列产品外，JPL 的 Gross 等 (1998) 开发的 SPACEyyyy、COMByyyy、POLEyyyy (yyyy 为四位年号，如 2008) 系列 EOP 综合序列，是利用卡尔曼滤波对来自多个机构的相互独立的 EOP 测量结果进行综合的 EOP 结果 (Ratcliff et al., 2010)。他们将各个技术解得的相互独立的 EOP 序列值或者 EOP 线性组合观测值送入一个使用信息矩阵的卡尔曼滤波中，考虑了 EOP 变化的随机性以及 EOP 序列插值或者平滑有可能引入较大误差和不确定性，卡尔曼滤波可以有效处理非均匀时间分布的数据，可将状态向量 (由 EOP 组成) 和状态协方差矩阵传播到测量时刻，无论测量是否是等时间分布，且卡尔曼滤波可以自动根据测量精度和观测的采样间隔来调整平滑程度。结果表明，综合解的精准度主要由各个单技术 EOP 序列精度决定，其次，还受随机模型精度和单技术 EOP 序列数量的影响。

Ray 等 (2005) 利用 GPS 提供的 5 年时间段内的测站坐标、线性速度和极移及其变化率，VLBI 提供的同时间段内测站坐标、极移、UT1–UTC、LOD 及相关变化率，忽略章动结果，然后将 TRF 和 EOP 同时综合，产生一个同质的 5 年综合解 (Ray et al., 2005)。结果表明，在极移上，GPS 主导了极移估计 (因为 GPS 观测网致密、全球分布、高精度、连续全天采样)，VLBI 极移结果没有显著影响，反而由于 VLBI 观测网的劣势 (小且稀疏) 和并置站约束的质量问题影响了极移结果。VLBI 只是在两个参考架的旋转调整上起作用，降低了对并置站约束条件的依赖性。另一方面，对 UT1–UTC 来说，GPS-LOD 对 VLBI 的 UT1–UTC 结果也有改进。

为了研究 TRF 和 EOP 同时综合的可行方法，Gambis 等 (2005) 利用 GINS/DYNAMO 软件分别处理单个技术的观测值，把得到的法方程矩阵叠加起来，附加了最小约束条件、并置站本地连接或局部连接约束以及 EOP 连续性约束条件

(这个是为了消除 EOP 短周期噪声)，以 2005 年前 6 个月数据的周解进行法方程叠加综合，对极移分量采用分段线性拟合 (6 小时间隔) 得到其日解。随后，把 EOP 综合解和各技术单独求得的 EOP 结果与 IERS C04 进行比较，结果表明：综合解的 RMS 有大的改进，但是各分量结果仍然未达到单技术最高精度水平，原因是 GINS 软件对单个技术观测数据的处理有待改进 (何冰，2017)。

3.4　地球定向参数确定讨论及未来发展方向

本章首先对四种空间大地测量技术分别确定 EOP 的特点和概况进行了介绍，除了 VLBI 技术能够完整地测量所有的 EOP 以外，其他三种技术都不能测量 UT1–UTC，但是不同技术在确定 EOP 时有各自的优势，这也说明了综合多种技术确定 EOP 的必要性。然后，介绍了 IERS 提供的 EOP 产品种类，重点介绍了 IERS EOP C04 的综合方法，主要涉及对多个分析中心的 EOP 时间序列进行平滑、插值、加权等步骤，以及这种综合方法可能存在的问题。最后，介绍了目前国际上综合确定 EOP 的进展。

那么，未来地球定向参数确定有哪些发展方向呢？这个主要集中在精度提升、快速解算、高频 EOP 处理以及 EOP 实时服务。由于 EOP 的快变性使得卫星导航提供地面导航定位授时服务、一切空间飞行器精密定轨、空间目标观测与研究、深空探测飞行器地基导航支持等都需要高精度 EOP，因此，精度的提升是 EOP 发展的永久方向。由于有些应用特别是与卫星相关的应用，要求实时数据处理，而高精度实测 EOP 总是有所滞后，EOP 的时变性很复杂，很难预测，且 EOP 预报精度与预报弧长紧密相关，因此，实际 EOP 确定与应用中需要尽可能快速近实时进行 EOP 解算，进行每日更新，然后预报，提供 EOP 实时服务，满足用户需求。另一个发展发向就是 EOP 高频项解算。随着 EOP 监测精度和数据时空分辨率的不断提升，越来越多的研究人员注意到空间大地测量技术可以监测到 EOP 的高频变化如半日变化等，但是由于 EOP 高频变化与一些因素具有较强相关性，其解算策略和方法是影响其解算可靠性的关键，目前还在探索中，一般没有引入常规大地测量数据处理中。

第 4 章　空间大地测量技术内综合方法

从 ITRF2005 开始，IERS 采用 VLBI/SLR/GNSS/DORIS 四种技术的技术内综合后的周解 (VLBI 技术为 24 小时观测解) 作为建立 ITRF 各个技术参数的输入数据，而取代了以往技术内站坐标长期线性解作为输入。自此以后的 ITRF 或者其他机构如 DGFI-TUM 实现的 DTRF 等，均基于技术内综合的站坐标和 EOP 周解进行综合确定地球参考架和 EOP。其中不仅包括站坐标参数，还新加入了 EOP，促成了在综合地球参考架的同时综合与之自洽的 EOP。

SLR、GNSS、DORIS 和 VLBI 四种技术相应的国际服务组织 ILRS、IGS、IDS (Pearlman et al., 2002; Dow et al., 2009; Willis, 2010)、IVS (Schuh et al., 2012) 同时也作为 IERS 的技术中心 (technique center，TC)，根据 IERS 的要求定期向其提供站坐标和 EOP 的技术内综合解序列。该解是通过采用一定的模型和策略对各技术内多家数据分析中心 (analysis center，AC) 的结果进行二次解算从而得到技术内综合 SINEX 周解 (或日解) (Böckmann et al., 2010a; Pavlis et al., 2010; Ferland et al., 2009; Valette et al., 2010)。许多研究表明，在每一种空间大地测量技术之内，综合多家分析中心的结果，能够提高最终的多技术综合地球参考架的稳健程度和长期稳定性 (Beutler et al., 1995; Pearlman et al., 2007; Gambis, 2006; Böckmann et al., 2010b)。

目前，四种技术输入文件所统一采用的文件格式——SINEX (Mervart, 1999)，起初是由 IGS 为了发布其周解而开发的一种文件格式，ILRS、IVS、IDS 等机构鉴于该格式的模块化和灵活性等优点也采用了此种格式，经过不断的版本更新和增补，发展成今天四种空间技术通用文件格式，既能够提供参数的估计值和相应方差–协方差矩阵，又能够提供法方程和参数的先验初值形式及其他重要信息，例如，参与技术内综合的多个分析中心列表、观测值总数、自由度、中误差、测站经纬度、测站相位中心偏差等。

表 4.1 中，总结了四种技术内综合 SINEX 解的主要特点。其中，SLR、GNSS、DORIS 三种技术的 SINEX 文件提供了测站坐标周解和 EOP 日解以及对应的完全方差–协方差，而 VLBI 技术内综合解则为法方程形式的日解。值得说明的是，从 ITRF2014 开始，GNSS 由原来的周解变为日解，但是依然沿用周解形式，因此表 4.1 中 GNSS 技术内综合解依然是周解。另外 VLBI 技术提供的日解是基于有观测行为发生的日期，因此并不是等间隔的。

表 4.1　IGS、IVS、ILRS 及 IDS 提供的技术内综合周 (日) 解的主要特点 (以 ITRF 2014 为例)

观测技术	国际服务中心/提供技术内综合解的分析中心	为技术内综合提供输入的分析中心	数据年份	解的时间间隔	解的形式	约束方法
SLR	ILRS/ASI DGFI	ASI、DGFI、GFZ、JCET、NSGF 等	1983.0～1992 1993.0～2015.0	14 天一解 周解	站坐标周解和 EOP 日解	松约束
GNSS	IGS/NRCan	CODE、ESOC、GFZ、JPL、NOAA、NRCan 等	1997.0～2015.0	周解	站坐标周解和 EOP 日解	最小约束
VLBI	IVS/GIUB	BKG、DGFI、GSFC、SHAO 等	1980.0～2015.0	24 小时观测的日解	站坐标和 EOP 的法方程	无约束
DORIS	IDS/IGN	IGN、LCA、ESA、GAU、GOP 等	1993.0～2015.0	周解	站坐标周解和 EOP 日解	最小约束

　　表 4.1 中最后一列给出了各个技术在组建技术内综合解时采用的不同约束方式，这里的 "约束" 指的是针对地球参考架基准和站坐标的约束，包括以下三种方法：① 无约束 (free constraint)；② 松约束 (loose constraint)，即对施加的测站坐标和测站速度的约束分别给予 $\sigma \geqslant 1\text{m}$ 和 $\geqslant 10\text{cm/a}$ 的不确定度 (Altamimi et al., 2002a；邹蓉，2009)；③ 最小约束 (minimal constaint)，即用尽可能少的、最必要的约束定义了解算站坐标和 EOP 所需的地球参考架信息 (Sillard et al., 2001)。关于各个技术解的参考架约束的介绍，还可以参考 Dermanis (2001, 2003) 和 Sillard 等 (2001) 的文章。

　　为了对松约束和最小约束有一个更为直观的理解，我们对原本是松约束的 SLR 技术内综合解引入最小约束 (仅对三个定向参数进行约束)，然后与 ITRF2014 作 Helmert 七参数变换，再与松约束解相对于 ITRF2014 的直接七参数转换进行对比。图 4.1 为原有的 SLR 技术内周解和引入最小约束后的解与 ITRF2014 之

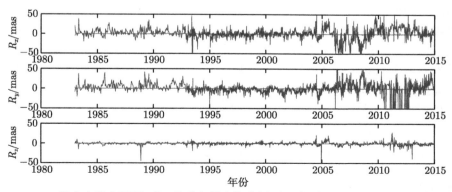

图 4.1　SLR 技术内综合周解 (蓝) 及引入最小约束解 (红) 相对于 ITRF2014 的旋转参数时间序列 (彩图见封底二维码)

间的旋转参数时间序列, 可以看出, 原有的松约束技术内综合周解中的定向的定义具有一定的随意性, 它们没有统一在某一个参考架之下; 而引入的最小约束则把所有 SLR 周解的定向都约束为与 ITRF2014 一致了。

　　图 4.2 为两种约束解相对于 ITRF2014 在 x、y、z 轴三个方向上的平移参数序列。在精度允许的范围内, 两种解相对于 ITRF2014 整体上是无明显差异的, 说明最小约束的引入, 确实仅仅是对 SLR 周解的定向进行了约束, 而保留了其中原本的地心 (原点) 信息。尺度参数的结论同平移参数一样, 在此不再赘述 (何冰, 2017)。

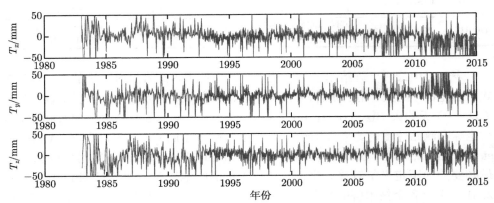

图 4.2　SLR 技术内综合周解 (蓝) 及引入最小约束解 (红) 相对于 ITRF2014 的平移参数时间序列 (彩图见封底二维码)

4.1　技术内综合参考架基准约束的处理方法

　　进行技术内综合的目的是通过对测站网不同时期解的综合来提高该技术全球测站的空间覆盖率、测站密度和可靠性, 以及通过野值剔除、方差估计等质量分析手段来提高测站坐标的精度。尤其是 GNSS 测站, 其分布众多且有全球测站和区域测站之分, 每个分析中心的周解中参与的测站既有重复的, 也有各异的, 通过技术内综合能够将这些不同类型的测站统一到一致的地球参考架之下, 并且提高全球站的精度和稳定性。

　　总地来说, 技术内综合是一个较为特殊的最小二乘解算过程。其一, 输入和输出参数类型一致, 都是测站在某参考时刻的站坐标和 EOP 等; 其二, 输入参数的协方差矩阵是完全已知的, 由先前各分析中心的解算得到。已知参数向量 x (m 行) 及其协方差矩阵 Σ_x, 要将其关联到另一参数向量 y (n 行), 可以用右乘矩阵 $A(n \times m)$ 来实现。即

$$\bar{x} = y = \underset{x-y}{A}\, x, \quad \Sigma_{\bar{x}} = \underset{x-y}{A}\, \Sigma_x \underset{x-y}{A'} \tag{4.1}$$

其中，$A_{x-y}(n \times m)$ 中的元素 a_{ij}：当 x 中第 j 个参数和 y 中第 i 个参数一样时，$a_{ij} = 1$，其他等于 0。从每一个分析中心提供的输入文件里都可以提取到各自估计的参数向量 x 和其协方差矩阵 Σ_x，有时也提供了先验参数向量 z 和其协方差矩阵 Σ_z，继而也就能够得到这两个向量转换成重新排列的参数向量 c 左乘矩阵算子 A_{z-c} 和 A_{x-c}。由式 (4.1) 的关系式很容易建立起分析中心的解和技术内综合解之间的观测方程和法方程。

若各分析中心提供的解算结果中已经以先验参数向量和相应的协方差矩阵的形式提供了关于测站坐标解的先验约束条件，则必须利用公式 (4.2) 和公式 (4.3) 在法方程中去除这部分先验信息的影响：

$$\Sigma_{\bar{x}} = (\Sigma_x^{-1} - A_{z-x} \Sigma_z^{-1} A_{x-z} + (C'C)^{-1}C'\Sigma_w^{-1}C(C'C)^{-1})^{-1} \tag{4.2}$$

$$\bar{x} = \Sigma_{\bar{x}}(\Sigma_x^{-1}x - A_{z-x} \Sigma_z^{-1}Z) \tag{4.3}$$

其中，上横线表示去掉相应的先验约束后的参数解。当去掉约束后的法方程出现近似奇异时，则需要式 (4.2) 中等号右边的第三项，因为此时需要补齐由参考坐标定向未知引起的秩亏，其中三个定向的松约束条件对应的参数向量 w 及其相应法方程系数矩阵的广义逆 $(C'C)^{-1}$ 的具体形式在 Davies 和 Blewitt (2000) 的文献中已经详细给出。

假设分析中心提供的测站坐标解中隐含了对参考架的某些定义，而又无法完全消除，那么还可以通过添加“降约束”(deconstrained) 的协方差矩阵来放大已被约束的基准参数 (原点、尺度或定向参数) 的标准差，以达到松弛最小约束的效果，避免了分析中心解算时使用的参考架约束影响最终的技术内综合解：

$$\Sigma_{\tilde{x}} = \Sigma_{\bar{x}} + C'\Sigma_w^{-1}C \tag{4.4}$$

或

$$\Sigma_{\tilde{x}} = (\Sigma_{\bar{x}}^{-1} - \Sigma_{\bar{x}}^{-1}C'(C\Sigma_{\bar{x}}^{-1}C' + \Sigma_w)^{-1}C\Sigma_{\bar{x}}^{-1})^{-1} \tag{4.5}$$

其中，波浪线表示松约束后的参数。

4.2 SLR 技术内综合

国际激光测距服务 (ILRS) 作为国际大地测量协会 (International Association of Geodesy，IAG) 的空间大地测量服务中心之一，不仅提供了全球的激光测卫和激光测月观测数据，还提供了相关的数据处理产品用以支持大地测量研究和高精

度国际地球参考架 (ITRF) 的建立和维持。从 20 世纪 80 年代开始，SLR (人卫激光测距) 技术被用于地球参考架的建立和维持。而直至 ITRF2005，ILRS 才提供了测站坐标周解的形式，以代替原本在某一参考时刻的坐标值和线性速率的形式，作为 SLR 技术参与确定国际地球参考架的输入数据类型。意大利航天局 (Agenzia Spaziale Italiana，ASI)/意大利空间大地测量中心 (Space Geodesy Center，CGS) 作为主要的综合中心 (combination center，CC) 将多个 ILRS 下属分析中心独立解算的站坐标和 EOP 周解 (1993 年之前为每两周解算一次) 作为输入，基于对各分析中心周解的方差–协方差阵进行加权迭代处理分析，生成 SLR 技术下的站坐标和 EOP SINEX 周解 (Pavlis et al., 2010)。除了 ASI/CGS 提供的 ILRS 主要综合周解 (primary combined product ILRSA) 外，DGFI 作为 ILRS 的备用综合中心，也提供了备用的综合解 (backup combined product ILRSB)。ILRSA 综合解作为目前 IERS 建立 ITRF 的 SLR 输入数据，也将是本节的重点介绍对象和综合解算的主要输入之一。

ILRS 提供的 SLR 技术内综合周解 ILRSA 是以 SINEX 文件格式提供的，可以在地壳动力学数据信息系统 (Crustal Dynamics Data Information System，CDDIS) 的 ftp 服务器上获取，其具体的获取目录如下：ftp://cddis.gsfc.nasa.gov/pub/slr/products/pos+eop/YYMMDD/ilrsa.pos+eop.YYMMDD.v1.snx.Z。其中，YYMMDD 为日期 (YY = 2 位数年份，MM = 2 位数月份，DD = 2 位数日期)，"pos+eop" 表示 SINEX 文件中给出了测站位置坐标和 EOP。

作为综合地球参考架输入的 SLR 技术内综合周解，是基于 ASI、DGFI、GFZ 等多家分析中心提供的周解，再以 7 天 (1993 年前为 14 天) 为弧段生成的、自 1983 年开始至今的一个长达 40 年的周解系列文件。每个周解中都提供了全球 SLR 测站中有观测活动的测站的站坐标周解和 EOP (极移 x 和 y 分量以及日长 LOD) 日解。无论是各分析中心的周解，还是综合后的周解，都是遵循了 ILRS 分析工作组 (analysis working group，AWG) 要求的以提供高质量产品为目的的解算准则。对于各分析中心独立解算的 SLR 周解来说，必须遵守如下几点约定：

(1) 周解解算模型尽可能地以最新的 IERS Conventions 为准。

(2) 对 LAGEOS-1 和 LAGEOS-2 卫星的测距次数达 10 次以上的测站才能参与周解的解算。AWG 允许对非核心站作适当降权处理。

(3) 对流层延迟模型依据 IERS Conventions 给定，并且不再估计大气负荷。

(4) 对每颗卫星的质心改正模型依据 ILRS 给出的标准。

(5) 对部分测站的测距偏差可以采用 ILRS 提供的工程报告或者系统长期分析报告结果。

(6) 各分析中心必须给出松约束的周解，其中测站和 EOP 的先验标准差为 1m 或者等效于 1m 以上。

关于各分析中心的更多解算策略细节可以参考：http://ilrs.gsfc.nasa.gov/science_analysis/analysis_centers.html。

对 SLR 技术内综合解的解算策略的了解是进行后续多种技术综合地球参考架的基础。ASI/CGS 作为 ILRS 机构内的主要综合中心，采用了 Davies 等 (2000) 所描述的一种直接综合法 (straight forward method)，这种方法的优点在于不需要知道各分析中心在解算时对参考架基准的先验约束信息，就可以把约束转化为松约束，继而进行综合。

除此之外，每一个综合周解都是对各分析中心给出的协方差矩阵进行重新加权后综合的结果。具体的加权方法是：以迭代的形式给予每一个分析中心提供的解的协方差矩阵一个加权因子 σ_i，最终使得公式 (4.6) 和公式 (4.7) 能够得到满足：

$$R_1^{\mathrm{T}}(\sigma_1\Sigma_1)^{-1}R_1 = L = R_i^{\mathrm{T}}(\sigma_i\Sigma_i)^{-1}R_i \tag{4.6}$$

$$\chi^2 = R_1^{\mathrm{T}}\Sigma_1^{-1}R_1 + L + R_i^{\mathrm{T}}\Sigma_i^{-1}R_i = 1 \tag{4.7}$$

上面两个公式中，R_i 为第 i 个分析中心解的残差，Σ_i 为第 i 个分析中心提供的周解的协方差矩阵。表 4.2 给出了 IGN 利用上述加权方法在技术内综合时对各分析中心周解加权的权因子在 1983~2009 年的平均值。

表 4.2　各分析中心在 1983~2009 年的平均加权因子及其标准差 (Pavlis et al., 2010)

分析中心	ASI	DGFI	GA	GFZ	GRGS	JCET	NSGF
σ_i 均值	5.6	16.7	3.9	11.8	6.0	8.3	7.5
标准差	13.1	35.8	14.8	18.3	11.0	14.2	14.1

以数十年来各 SLR 测站在观测质量和稳定性上的表现为依据，ILRS 选择了部分台站作为核心站参与技术内综合解确定。表 4.3 给出了具体的核心站列表的相关信息，包括站名、作为核心站的起始时间等。这组核心站信息也将被用在本书后续的多技术综合当中，作为 SLR 技术确定地球参考架的核心站。此外，为了对测站观测情况有个总体了解，图 4.3 给出了截止到 2015 年的所有综合周解中的 SLR 测站参与周解次数的统计图，图中可以看出有些测站观测很少。

表 4.3　SLR 技术内综合解的核心站列表

测站名	DOMES 名	核心站起始时间	终止时间	参与周解次数统计 (截止到 2015.0)
7080	40442M006	1988	—	1132
7090	50107M001	1979	—	1349
7105	40451M105	1981	—	1209
7109	40433M002	1981	1997	390
7110	40497M001	1981	—	1274
7210	40445M001	1994	2004	698

续表

测站名	DOMES 名	核心站起始时间	终止时间	参与周解次数统计 (截止到 2015.0)
7403	42202M003	1990	2000	601
7501	30302M003	2000	—	556
7810	14001S007	1998	—	985
7825	50119S003	2004	—	511
7832	20101S001	2001	—	457
7834	14202S002	1976	1991	146
7835	10002S001	1988	2005	582
7836	14106S009	1993	2004	481
7837	21605S001	1997	2005	407
7839	11001S002	1983	—	1204
7840	13212S001	1983	—	1336
7849	50119S001	1998	2003	220
7907	42202S001	1976	1992	195
7939	12734S001	1983	2000	505
7941	12734S008	2001	—	556
8834	14201S018	1996	—	949

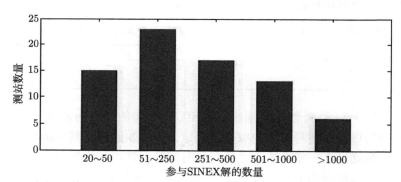

图 4.3　SLR 技术各个测站参与的技术内综合 SINEX 解的次数统计

4.3　GNSS 技术内综合

国际 GNSS 服务 (IGS) 的主要工作之一是提供高精度的 GNSS 技术相关产品供地球科学研究及工程应用等, 主要产品不仅包括 GNSS 卫星轨道、卫星钟差、测站钟差和大气延迟参数等, 还包含了高精度的测站坐标和地球自转参数。该组织内的参考架工作组 (Reference Frame Working Group, RFWG) 从 1999 年开始负责将至少 7 个分析中心各自解算的站坐标和 EOP 等进行综合, 并每周常规提供站坐标等参数的综合周解。

在四种对地观测技术中，GNSS 技术的显著优点之一便是测站的全球覆盖率最高，测站数量远多于其他三种技术。不同 IGS 分析中心所使用的测站既有相同的站，也有各异的站，并且在做技术内综合时又使用了不同的测站网络。因此，GNSS 测站常被分为全球站和区域站，而参与到解算的测站网络也常被分为几种不同的类型。如图 4.4 所示，每个单独分析中心生成的全球测站坐标解被称为 A 网 (A network)；IGS 全球网联合分析中心 (Global Network Associate Analysis Center，GNAAC) 生成的 G 网则只包含了全球站 (指至少被三个分析中心解算的站)；区域网联合分析中心 (Regional Network Associate Analysis Center, RNAAC) 解算的区域测站坐标解称为 R 网；再由 GNAAC 负责将 G 网和 R 网测站坐标解算到统一的参考框架，生成综合的坐标解称为 P 网，作为综合确定 ITRF 解的 GNSS 技术输入。如何对各分析中心生成的 A 网做预处理再将它们综合起来重新解算生成更高精度的站坐标和 EOP 综合解，是技术内综合的主要任务 (何冰，2017)。

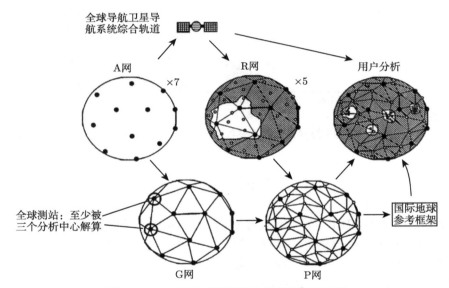

图 4.4 GNSS 全球测站网的分类和相互关系

依据 Blewitt(1998) 和 Kouba 等 (1998) 提出的相关标准，GNSS 技术内综合的主要工作包括预处理和综合解算两部分。对各分析中心解的预处理主要包含：

(1) 确保各分析中心 SINEX 文件格式规范化；

(2) 消除分析中心解中的先验约束；

(3) 对解作一些小尺度的改正或补偿；

(4) 加入对地心的参数估计；

(5) 加权；

(6) 数值条件增加 (可选)。

对经过预处理后的分析中心解进行综合的过程即为类似公式 (4.1) 的参数重新排列后的最小二乘解算过程。最后得到的估计参数包括测站坐标的周解、地球自转参数日解和地心参数等。图 4.5 为截止到 2015 年的 GNSS 各个测站参与技术内综合周解的数量统计图。测站观测情况较 SLR 技术要更为稳定，绝大部分测站参与的周解数量都要高于 500 次。

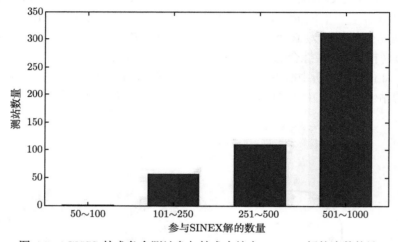

图 4.5　GNSS 技术各个测站参与技术内综合 SINEX 解的次数统计

4.4　DORIS 技术内综合

2008 年 11 月，IERS 曾发起过号召，呼吁各相关机构能够为当时即将投入解算的 ITRF2008 产品提供更高精度的数据或者其他形式的支持。国际 DORIS 服务 (IDS) 积极响应此号召，便提出为此次参考架的综合解算首次提供 DORIS 技术内综合解 (Valette et al., 2010)。在 ITRF2005 中，DORIS 技术的输入还仍然是由两家分析中心——IGN/JPL 和 LCA 单独解算的周解。然而，在 ITRF2008 中，DORIS 技术也跟上其他三种技术的脚步，首次以综合周解的形式作为该技术参与到地球参考架和 EOP 综合确定的输入数据。

为了检查 DORIS 技术内基本综合方法、优势和精度情况等，图 4.6 统计了截止到 2015 年的 DORIS 各台站参与技术内综合的周解次数。DORIS 技术内综合周解是对 7 家分析中心解进行综合而来。这 7 家分析中心一共使用了包括 Bernese、GEODYN 等在内的 5 种解算软件，对 7 颗 DORIS 卫星数据进行处理，继而生成了各分析中心的周解，以 SINEX 文件形式提供，给出了相关参数的参数值及协方差阵或者是法方程。分析中心在处理观测数据解算站坐标和 EOP 时，使用了最新的 GRACE 引力场模型、大气引力正演模型、更新后的辐射压模型等，尽可能提高技术内综合解的精度。DORIS 技术内综合解由 CATREF 软件进行解算，与 ITRF 解算软件一样。根据 Valette 等 (2010) 的分析，当观测到的卫星数量达到 4~5 颗时，DORIS 技术内综合解的内符精度加权均方根 (weighted root mean square，WRMS) 在 2002 年之前为 15~20mm，在 2002 年后为 8~10mm。技术内综合解的极移参数与 IERS 05 C04 比较的精度为：x 和 y 分量的 RMS 分别是 0.24mas 和 0.35mas (何冰，2017)。

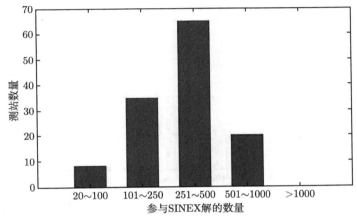

图 4.6　DORIS 技术各个测站参与技术内综合 SINEX 解的次数统计

4.5　VLBI 技术内综合

同样，为了响应当时解算 ITRF2008 对高精度输入数据的号召，IVS 将 7 家不同分析中心的 session-wise 无约束法方程解综合在一起 (另外两家分析中心，即应用天文研究所 (Institute of Applied Astronomy，IAA) 和澳大利亚地球科学 (Geoscience Australia，AUS) 的解由于系统偏差或者不可靠结果而未能参与综合)，解算了 VLBI 技术内综合的无约束法方程 session-wise 解作为 ITRF2008 的输入。本书也是以这组输入数据作为多技术综合的 VLBI 输入，并以 2009.0 和 2015.0 为两个时间截止日期，生成了两组地球参考架和 EOP 的综合解，分别与 ITRF2008 和 ITRF2014 进行比较。技术内综合解中一共包含了 115 个测站的数据，其他测站则在技术内综合时已经被预先消去。

与其他三种技术内综合解方法不同，VLBI 技术内综合是基于法方程层面的综合。其主要综合策略包括以下三步：

(1) 将各分析中心 24 小时观测法方程转换到统一的参考历元和统一的先验值 (天顶湿延迟、钟参数、射电源位置参数等会预先从法方程中消去，只留下站坐标参数和 EOP 等)；

(2) 利用方差分量估计方法对各分析中心的法方程重新定权，图 4.7 为分析中心的加权因子序列图 (Böckmann et al., 2010b)；

(3) 将加权后的法方程叠加，生成综合的法方程。

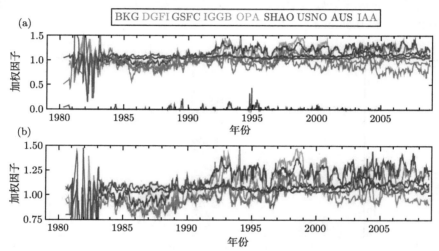

图 4.7　VLBI 技术内综合时多家分析中心的加权因子序列图：(a) IAA 和 AUS 两家机构也参与；(b) 排除 IAA 和 AUS 两家机构后的正式解算结果 (Böckmann et al., 2010b) (彩图见封底二维码)

BKG-德国联邦制图和大地测量局；DGFI-德国大地测量研究所；GSFC-美国戈达德航天中心；IGGB-波恩大学大地测量与地球信息研究所；OPA-巴黎天文台；SHAO-上海天文台；USNO-美国海军天文台；AUS-澳大利亚地球科学局；IAA-俄罗斯应用天文研究所

4.6　技术内综合解的精度和长期性分析

对四种技术内综合解的质量和精度进行评估，这是其作为综合多种技术确定高精度地球参考架的输入数据的基础。上文中曾说明过，SLR 技术内综合的周解是采用了松约束，VLBI 技术内综合的周解是以无约束法方程的形式提供，而 GNSS 和 DORIS 两种技术的综合周解则提供的是最小约束解。为了从数值精度上分析不同技术对地球参考架原点和尺度的观测精度，我们将 SLR 和 VLBI 技术内综合解转换成最小约束解，即约束 SLR 技术综合解的定向与 ITRF2014 在参考历元 2010.0 一致且其变化速率为 0，VLBI 技术综合解的原点与 ITRF2014 一致，速度为 0，GNSS 和 DORIS 技术内综合解保持不变，利用其中挑选的高精度核心站，与 ITRF2014 作 Helmert 七参数转换。由上文中介绍可知，最小约束解可以做到保留三种卫星观测技术中的地心和尺度信息以及 VLBI 技术中的尺度信息。

图 4.8～ 图 4.10 分别是 SLR、GNSS 和 DORIS 三种技术内综合周解相对于 ITRF2014 的 x、y、z 三个方向平移参数时间序列。其中，SLR 技术的平移参数时间跨度最长，且没有明显的偏差或者漂移；GNSS 技术的三个方向平移参数虽然弥散度最低，但是在 x 方向和 y 方向存在长期的线性变化，在 z 方向存在跳变，这里的跳变也可能是受到某个 GNSS 核心站跳变的影响，因为 GNSS/GPS 的多数台站都出现了多次跳变，难于把这些大大小小的跳变完全检测出来，另外一个原因可能是 GNSS/GPS 绝对天线相位中心模型不准确，这也成为了 GNSS/GPS 不适合确定参考架原点的原因；而 DORIS 技术的平移参数也存在着不稳定性，与 Altamimi 等 (2010) 针对 DORIS 平移参数的分析结果非常一致，这可能是由模型误差造成的，如太阳辐射压 (Gobinddass et al., 2009)。从以上可以看出，为了得到最长期稳定的地球参考架原点，应选取 SLR 技术的观测来确定长期线性地球参考架的原点，具体方法将在第 5 章中介绍。

图 4.11 为四种技术的技术内综合周解 (VLBI 技术为日解) 相对于 ITRF2014 的尺度参数或尺度因子时间序列。SLR 技术和 VLBI 技术的尺度参数无明显的偏移，且数据覆盖时间较长，可以作为确定最终多技术综合解尺度参数的观测技术 (何冰，2017)。

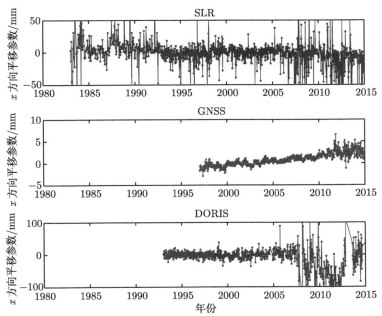

图 4.8 SLR/GNSS/DORIS 三种技术内综合周解相对于 ITRF2014 的 x 方向平移参数时间序列

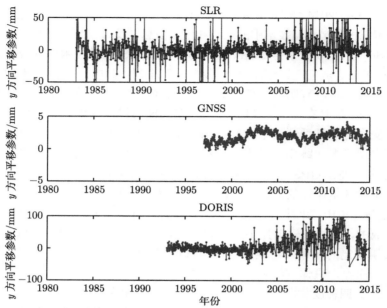

图 4.9　SLR/GNSS/DORIS 三种技术内的综合周解相对于 ITRF2014 的 y 方向平移参数时间序列

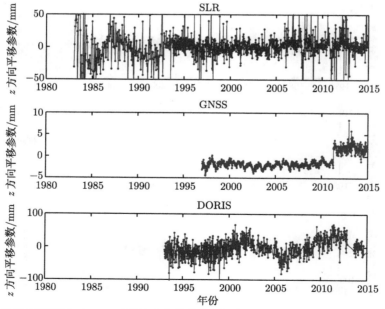

图 4.10　SLR/GNSS/DORIS 三种技术内的综合周解相对于 ITRF2014 的 z 方向平移参数时间序列

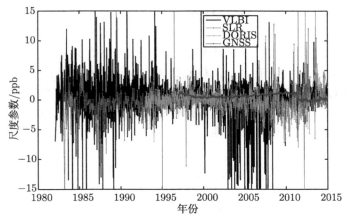

图 4.11 四种空间大地测量技术内综合周 (日) 解相对于 ITRF2014 的尺度参数时间序列 (彩图见封底二维码)

图 4.12 给出了四种技术的技术内综合周 (日) 解 (VLBI 和 SLR 引入最小约

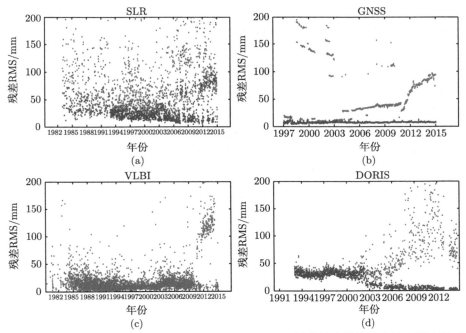

图 4.12 (a) SLR、(b) GNSS、(c) VLBI 及 (d) DORIS 四种技术的技术内综合周 (日) 解相对于 ITRF2014 的残差 RMS 统计时间序列 (红：周解内所有测站统计 RMS；蓝：仅统计核心站 RMS) (彩图见封底二维码)

束解，GNSS 和 DORIS 保持原有的最小约束解) 转换到 ITRF2014 参考架后的
站坐标残差 RMS 统计结果。其中，红色代表每个周解中所有参与测站一同统计，
蓝色则只统计核心站。由于 VLBI 每次日解中参与的测站数量十分有限，所有测
站都十分重要，所以并没有区分出核心站来，从而没有蓝色部分。由图中可以看
出，GNSS/DORIS/SLR 三种技术的核心站精度稳定，非核心站则会存在着较大
误差，这也证明了在后续的多种技术综合中，仅由谨慎挑选的核心站来参与确定
地球参考架基准的重要性和必要性。

4.7 技术内综合必要性、步骤和发展趋势

高精度的地球参考架和 EOP 确定基本都基于空间大地测量的技术内综合，
原因是每个技术的单一分析中心由于处理模型、方法、策略等的不同，其结果往
往不一致，需要评估后进行综合才能给出最优解，这就是技术内综合的过程。技
术内综合后的结果无论从稳定性、精度上还是时间分辨率上都远好于单个分析中
心结果，因此，技术内综合在高精度地球参考架和 EOP 确定中必不可少。

那么，综合的步骤如何呢？这就需要明确空间大地测量技术内综合的方法。首
先，技术内综合短期解时，需消去不同分析中心解中对站坐标和参考架附加的约
束，在已知约束条件的情形下可以直接消去；在约束条件未知的情况下，可以降
低约束的权重，总之，尽量消去各分析中心解中对参考架的不必要约束。然后，依
照本章介绍的四种技术的技术内综合必要信息，包括解算的关键步骤、不同分析
中心权重对比、各测站观测质量等进行综合，综合时需要选择合适的核心站，核
心站选择的准则主要根据其数据数量和精度评估结果。最后，对技术内综合解需
要评估和比对。比如与 ITRF2014 作坐标转换可给出各个技术内综合短期解相对
于 ITRF2014 的平移参数和尺度参数变化序列，从中可以看出技术间综合时采用
SLR 技术来实现地球参考架原点以及采用 SLR 和 VLBI 技术共同确定全球地球
参考架尺度的原因，还可看出技术内综合的可靠性和一些问题。

未来技术内综合方法发展主要集中在综合方法的改进、约束和权重合理性的
提升以及核心站选择水平等细节。

第 5 章　综合多种技术建立线性地球参考架和 EOP 方法

国际上综合不同空间大地测量技术单个 EOP 产品序列的权威机构是巴黎天文台，这些单个的 EOP 序列包含着系统差，通常被认为是包括偏差和漂移，这可以归结于在观测分析中采用了不同地球和天球参考架，导致 EOP 和参考架转换之间的不一致。IERS C04 极移和 UT1 精度是 0.2mas 和 0.02ms，但是与其内符精度 0.1mas 和 0.005ms 不匹配，这主要是实现天球参考架和地球参考架中的转换误差引起的，因此严格的综合方法是同时估计 EOP 和地球参考架，目前已在 IERS 给予了实现 (Gambis et al., 2003)。

利用四种空间技术 VLBI/SLR/GNSS/DORIS 的全球测站站坐标和 EOP 的 SINEX 周 (日) 解的多年序列，基于站坐标线性运动的地球参考架模型，综合解算自洽的地球参考架和 EOP 的方法有多种，一般情况下可归纳为两个主要步骤：第一步是如何在尽量不破坏各技术测站基准网内部几何结构并且保留各个技术对于地球参考框架敏感度的前提下，预处理所有的 SINEX 周 (日) 解，完成从相对短期的周解或日解向多年的长期解的拟合；第二步是以第一步结果为基础的技术间综合，其中的关键因素是并置站本地连接约束。

综合方法的步骤如下所述。第一步，在各个技术内，将所有 SINEX 周 (日) 解作为 "伪观测值"，基于七参数转换模型和仅考虑站坐标线性运动的地球参考架模型，建立观测方程，得到相应的法方程，并叠加形成技术内的、包含所有年份数据的法方程系统，但是不对它施加任何基准约束，目的是尽量不使用外部约束去破坏各个技术内部本身的几何结构；另外，为了定义参考架基准，本方法严格地保留了 SLR 技术所内含的地心信息和尺度信息以及 VLBI 所内含的尺度信息。第二步，将各个技术的法方程系统合成技术间综合的法方程系统，再引入并置站差分坐标等约束，得到技术间的综合解。图 5.1 给出了多种技术综合的主要功能模块和综合流程示意图。其中主要包括以下几步关键工作：

(1) 在各技术内，基于所有 SINEX 文件建立观测方程和法方程系统；
(2) 综合参考架的基准定义；
(3) 并置站本地连接测量的引入；
(4) 方差分量估计定权；
(5) 测站非连续性探测。

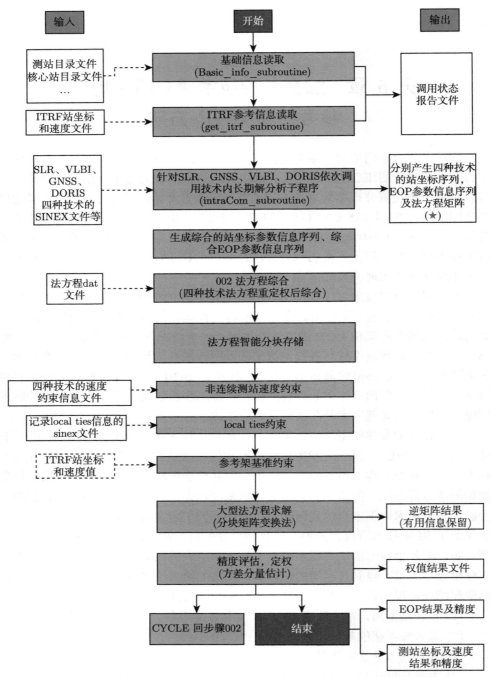

图 5.1　多种技术综合地球参考架及 EOP 的主要功能模块和综合流程图

另外值得说明的是，其中长期解分析子程序在多种技术综合地球参考架和 EOP 时将累积的各技术内大型法方程矩阵送往下一步待综合。除此之外，为了对综合出来的结果进行比较和分析，该子程序还能够对单个技术进行站坐标的长期解分析。其主要步骤与技术间综合相同，主要区别是单技术长期解需要进行并置站本地连接约束，而且方差分量估计只针对技术内的每个 SINEX 文件定权而非各技术之间的相对权重确定，最终生成的是各技术内相对参考历元的站坐标和速度以及与之自洽一致的 EOP 时间序列 (何冰，2017)。

5.1 最小二乘理论在综合中的应用

为了能够对后文中反复使用和提到的最小二乘、参数累积、法方程叠加等概念达成共识，本章首先对相关数学原理进行简要介绍，并特别指明在地球参考架综合中的具体使用方法。

5.1.1 最小二乘基本概念

假设包含 u 个未知数的向量 x 由一组包含 n 个独立观测量理论值的向量 $\hat{o}$ 来估计，理论上，每个观测量理论值都应该可以表达成关于未知数 x 的函数：

$$\hat{o} = f(x) \tag{5.1}$$

通常在实际应用中，观测量会受到各种误差源的影响，使得公式 (5.1) 不能精确满足，这样就可以把观测量理论值分成两个部分，一部分是误差，一部分是原始观测量：

$$\hat{o} = o + v \tag{5.2}$$

此时，式 (5.1) 可以改写为

$$o + v = f(x) \tag{5.3}$$

上式即为平差理论里的观测方程。在很多情况下，$f(x)$ 并不是一个线性关系式，但是高斯–马尔可夫模型要求的是线性关系式。在这种情况下，可对公式 (5.3) 在未知数 x 的初值 x_0 附近作一阶泰勒展开，此时只需要求解相对于初值的小改正 Δx，而函数 $f(x)$ 在 x_0 处的所有一阶导数组成的矩阵，称之为雅可比矩阵，公式 (5.3) 改写为

$$o + v = f(x_0) + \left.\frac{\partial f}{\partial x}\right|_{x=x_0} \cdot \Delta x = f(x_0) + A \cdot \Delta x \tag{5.4}$$

式中，等号左边的已知观测量通常被移到右边，使得上式改写成如下形式：

$$v = A \cdot \Delta x - l \tag{5.5}$$

为了求解 (5.5) 所表示的方程 (组)，还必须引入最小二乘平差方法，即满足加权残差平方和最小化的条件：

$$v^{\mathrm{T}}Pv \to \min \tag{5.6}$$

式中，P 为观测值的权矩阵。联立公式 (5.5) 和公式 (5.6)，得到了待求的未知数满足的法方程 (组)：

$$A^{\mathrm{T}}PA \cdot \Delta x = A^{\mathrm{T}}Pl \tag{5.7}$$

这里，

$$N = A^{\mathrm{T}}PA, \quad b = A^{\mathrm{T}}Pl \tag{5.8}$$

那么，未知数初值 x_0 的改正数 Δx 则等于：

$$\Delta x = N^{-1} \cdot b \tag{5.9}$$

以上即最小二乘平差理论的基本公式，也是后续基于多种技术的高精度地球参考架建立的基本理论公式。具体地说，把每一种技术里的每一个 SINEX 文件中关于台站坐标和 EOP 的技术内综合周解或日解看作是进行多技术综合的 "观测量"，它们不是对应技术的直接观测量，而是经过分析中心解算又经过技术内综合解算出来的变量，但是在多种技术的综合过程中，仍然可以把它们看作是一种准观测量，来应用上面的高斯–马尔可夫模型。

5.1.2   参数的线性变换

如果想要把公式 (5.1) 中的未知数向量 x 转换成新的未知数 y，且两者之间满足线性关系：

$$x = C \cdot y + c \tag{5.10}$$

那么，法方程 (组)(5.7) 中的系数矩阵和右边项相应地也要变换为

$$N_{\mathrm{new}} = C^{\mathrm{T}}N_{\mathrm{old}}C \tag{5.11}$$

$$b_{\mathrm{new}} = C^{\mathrm{T}} \cdot (b_{\mathrm{old}} - N_{\mathrm{old}} \cdot c) \tag{5.12}$$

式中，下标 new 表示新的矩阵；下标 old 表示转换前的矩阵。

当处理多种技术综合时，VLBI 技术提供的是技术内综合的法方程矩阵和右边项以及待估参数的初值。此时，则要利用 5.1.1 节中的理论建立起 VLBI 解与最终的综合解之间的线性关系，形如公式 (5.10)，然后利用公式 (5.11) 和公式 (5.12) 把 SINEX 文件中的法方程矩阵转换成新的法方程矩阵。

5.1.3 参数的严格消除方法

如果将未知数向量 x 分成两部分：需要保留的部分为新的向量 x_1，剩下的不需要解出其具体数值而应该被预先消去的部分为向量 x_2，法方程的系数矩阵和右边项相应地也可以被分成几个部分：

$$\begin{bmatrix} N_{11} & N_{12} \\ N_{21} & N_{22} \end{bmatrix} \cdot \begin{bmatrix} x_1 \\ x_2 \end{bmatrix} = \begin{bmatrix} b_1 \\ b_2 \end{bmatrix} \tag{5.13}$$

我们关心的是关于 x_1 的法方程，那么上式可以改写成新的法方程：

$$(N_{11} - N_{12}N_{22}^{-1}N_{21}) \cdot x_1 = b_1 - N_{12}N_{22}^{-1} \cdot b_2 \tag{5.14}$$

新的法方程 (5.14) 相当于严格消去了关于 x_2 的部分，即 x_2 不会被求解出来，且完全不影响对 x_1 的求解。最终可得到新的法方程系数阵和右边项，用下标 reduc 来表示：

$$N_{\text{reduc}} = N_{11} - N_{12}N_{22}^{-1}N_{21} \tag{5.15}$$

$$b_{\text{reduc}} = b_1 - N_{12}N_{22}^{-1} \cdot b_2 \tag{5.16}$$

相应地，加权残差平方和转换为

$$v^{\mathrm{T}}Pv = l^{\mathrm{T}}Pl - x^{\mathrm{T}}b_{\text{reduc}} = \cdots = l^{\mathrm{T}}Pl - b_2 N_{22}^{-1} b_2 - x_1^{\mathrm{T}} b_{\text{reduc}} \tag{5.17}$$

在 5.1.2 节中提过，VLBI 技术内综合的日解是法方程形式，其中，会有一些我们并不关心的参数，或者是经过我们判断是野值的参数，需要预先从法方程中严格消除后，再把新的法方程送入综合中，那么此时就需要利用本小节的方法。

5.1.4 法方程叠加

假设有两组不同的观测量，与同一组未知数向量建立了形如公式 (5.4) 的观测方程，那么会分别产生两组法方程系统，但是未知数一样。另外，假设这两组观测向量之间是相互独立的，那么就可以把两组法方程合并到一起，即

$$A = \begin{pmatrix} A_1 \\ A_2 \end{pmatrix}, \quad P = \begin{pmatrix} P_1 & 0 \\ 0 & P_2 \end{pmatrix} \tag{5.18}$$

$$(A_1^{\mathrm{T}}P_1 A_1 + A_2^{\mathrm{T}}P_2 A_2) \cdot x = A_1^{\mathrm{T}}P_1 l_1 + A_2^{\mathrm{T}}P_2 l_2 \tag{5.19}$$

以上法方程的累积方法，也可以称作叠加，在参考架综合中使用较多。尤其是当各技术输入的是站坐标周解或者日解形式时，每一个 SINEX 周解和待求的综合地球参考架下的站坐标及速度之间，就可以建立一个法方程组。针对长达数

十年的周解，组成的成千上万个法方程组，通过法方程叠加就组成一个非常庞大的法方程系统，此时就要依靠式 (5.19)。

另外，不同技术组成的法方程系统，又要叠加在一起，组成一个多技术的法方程系统，此时也需要对参数进行重新排列，然后在此基础上利用公式 (5.19) 对法方程进行叠加。

5.2　综合多种技术建立地球参考架的模型

在第 4 章中已经介绍了 SLR、VLBI、GNSS、DORIS 四种观测技术提供给地球参考架综合的输入数据形式。其中，SLR、GNSS 和 DORIS 三种卫星观测技术的每一个输入文件中均提供了该技术的全球测站的站坐标周解和 EOP 日解。用这样的周解形式代替以前的各技术长期解 (即某一参考时刻站坐标和速度)，其优势是十分明显的，它不仅有利于分析测站的非线性运动和非连续性跳变，还可以用来分析参考架物理参数的时变特性 (Altamimi et al., 2006)。

对于任一输入文件，即任意一技术内综合周 (日) 解 s，我们提取到的主要已知信息，即综合解算的 "伪观测值"，可以表达成

$$X_s = (X_s, x_s^{\mathrm{p}}, y_s^{\mathrm{p}}, \mathrm{lod}_s, (\mathrm{UT1} - \mathrm{UTC})_s \cdots)^{\mathrm{T}} \tag{5.20}$$

其中，X_s 为该周解中涉及的测站在时刻 t_s 的坐标周 (日) 解，对于三种卫星技术而言，其与前一个或者后一个周解中坐标的参考时刻 t_{s-1} 或 t_{s+1} 之间通常相差 7 天时间 (SLR 技术在 1993 年之前是相差 2 周时间)；VLBI 为日解，时间间隔不等。$x_s^{\mathrm{p}}, y_s^{\mathrm{p}}, \mathrm{lod}_s$ 和 $(\mathrm{UT1} - \mathrm{UTC})_s$ 分别是该次周解中解算的极移 x 分量、y 分量、LOD，以及世界时与协调世界时之差的时间序列。对于 SLR、GNSS 和 DORIS 技术而言，一般一次周解包含了连续 7 天在每天同一时刻的 EOP，可以表示为

$$(x_s^{\mathrm{p}}(t_1), \cdots, x_s^{\mathrm{p}}(t_7))^{\mathrm{T}}, (y_s^{\mathrm{p}}(t_1), \cdots, y_s^{\mathrm{p}}(t_7))^{\mathrm{T}}, (\mathrm{lod}_s(t_1), \cdots, \mathrm{lod}_s(t_7))^{\mathrm{T}}$$

UT1–UTC 解只有 VLBI 技术能够提供，此外，VLBI 技术内综合解里提供了极移及其变化速率，还有 LOD。除此以外，输入文件还提供了已知的上述 "观测" 向量的协方差矩阵 D_{XX} (VLBI 提供的是参数初值、法方程系数矩阵和右边项)。

对于某一观测技术而言，待求的未知数向量则可以表达成

$$X_c = (X_c, x_c^{\mathrm{p}}, y_c^{\mathrm{p}}, \mathrm{lod}_c, (\mathrm{UT1} - \mathrm{UTC})_s)^{\mathrm{T}} \tag{5.21}$$

其中，X_c 为该观测技术分布于全球的测站在参考时刻 t_0 时的三维坐标和线性速度，假设该技术内一共有 N 个测站，则 X_c 的具体形式可以表达为 $(x_c^1(t_0), y_c^1(t_0),$

$z_c^1(t_0), \dot{x}_c^1, \dot{y}_c^1, \dot{z}_c^1, \cdots, x_c^N(t_0), y_c^N(t_0), z_c^N(t_0), \dot{x}_c^N, \dot{y}_c^N, \dot{z}_c^N)^{\mathrm{T}}$。$x_c^{\mathrm{p}}, y_c^{\mathrm{p}}$ 和 lod_c 则依次是与参考架 c 同时综合的极移 x 序列、y 序列和 LOD 时间序列,因为以上三种卫星观测技术不能解算 UT1−UTC,所以没有提供 UT1−UTC 的估值,那么综合求解的 UT1−UTC 也与这三种技术的 "观测" 无关,只与 VLBI 技术有关。而另外一个特殊之处是,我们假设待求的 EOP 与输入的 EOP 是在同一参考时刻,这样避免了时刻转换带来的误差。经过众多输入文件的累积,待求的 EOP 时间序列涵盖了所有输入文件中给出的 EOP 的参考时刻,假设为 $t_c^1, \cdots, t_c^m$,那么 $x_c^{\mathrm{p}}, y_c^{\mathrm{p}}$ 和 lod_c 的具体形式为 $(x_c^{\mathrm{p}}(t_c^1), \cdots, x_c^{\mathrm{p}}(t_c^m))^{\mathrm{T}}$,$(y_c^{\mathrm{p}}(t_m^1), \cdots, y_c^{\mathrm{p}}(t_c^m))^{\mathrm{T}}$ 和 $(\mathrm{lod}_c(t_c^1), \cdots, \mathrm{lod}_c(t_c^m))^{\mathrm{T}}$。

建立已知向量 X_s 和未知参数向量 X_c 之间的函数关系,是综合多种技术确定长期稳定线性地球参考架的策略之一。总的来说,它涉及了两个基本模型,一个是作为输入的技术内周解中所暗含的参考架 s 与待估的综合参考架 c 之间的参考架转换模型,即七参数变换模型;另一个则是长期线性地球参考架的坐标参数模型。

两个地球参考架之间的转换,IERS 推荐采用欧几里得相似变换模型,它包含三个平移参数 $(T_1、T_2、T_3)$、三个旋转参数 $(R_1、R_2、R_3)$ 和一个尺度参数 D 共七个转换参数,后文中简称 "七参数变换模型"。当需要考虑参考架随时间的变化时,还需考虑以上七个参数相应的随时间变化率,增至十四参数变换模型。此模型是在天体测量和大地测量中常见的参考架转换模型,其基本关系式为

$$\begin{bmatrix} X_s \\ Y_s \\ Z_s \end{bmatrix} = \begin{bmatrix} X \\ Y \\ Z \end{bmatrix} + \begin{bmatrix} T_1 \\ T_2 \\ T_3 \end{bmatrix} + \begin{bmatrix} D & -R_3 & R_2 \\ R_3 & D & -R_1 \\ -R_2 & R_1 & D \end{bmatrix} \begin{bmatrix} X \\ Y \\ Z \end{bmatrix} \tag{5.22}$$

$$\begin{bmatrix} \dot{X}_s \\ \dot{Y}_s \\ \dot{Z}_s \end{bmatrix} = \begin{bmatrix} \dot{X} \\ \dot{Y} \\ \dot{Z} \end{bmatrix} + \begin{bmatrix} \dot{T}_1 \\ \dot{T}_2 \\ \dot{T}_3 \end{bmatrix} + \begin{bmatrix} \dot{D} & -\dot{R}_3 & \dot{R}_2 \\ \dot{R}_3 & \dot{D} & -\dot{R}_1 \\ -\dot{R}_2 & \dot{R}_1 & \dot{D} \end{bmatrix} \begin{bmatrix} X \\ Y \\ Z \end{bmatrix} \tag{5.23}$$

式中,$(X_s, Y_s, Z_s)^{\mathrm{T}}$、$(X, Y, Z)^{\mathrm{T}}$ 为同一测站或参考点分别在两个地球参考架下的坐标矢量。

在线性长期 (long-term) 地球参考架下,任一测站 i 在任一时刻 t_j 的三维坐标都可以用该测站在参考时刻 t^0 的坐标和线性速度表达,即

$$\begin{cases} x_c^i(t^j) = x_c^i(t^0) + (t^j - t^0) \cdot \dot{x}_c^i \\ y_c^i(t^j) = y_c^i(t^0) + (t^j - t^0) \cdot \dot{y}_c^i \\ z_c^i(t^j) = z_c^i(t^0) + (t^j - t^0) \cdot \dot{z}_c^i \end{cases} \tag{5.24}$$

有研究表明,尽管观测年数小于 2.5 年的测站速度会受到站坐标周期变化的

影响 (Blewitt et al., 2002)，但是，测站坐标的周期信号不会影响到地球参考架长期解的基准，特别是原点和尺度 (Collilieux et al., 2010)。

进一步地，将式 (5.22) 和式 (5.24) 结合在一起，就可以建立已知的单技术的周解和待求的综合参考架下测站坐标之间的转换模型。假设任意一个单技术的周解 s 都隐含一个地球参考架 TRF_s，它和待求的综合参考架 TRF_c 之间的转换关系也用待求的七参数 $(T_s^1, T_s^2, T_s^3, D_s, R_s^1, R_s^2, R_s^3)^{\text{T}}$ 来建立，得到

$$
\begin{cases}
x_s^i(t^j) = (1 + D_s)[x_c^i(t^0) + (t^j - t^0) \cdot \dot{x}_c^i] + T_s^1 \\
\qquad + R_s^2 \cdot [y_c^i(t^0) + (t^j - t^0) \cdot \dot{y}_c^i] + (-R_s^3) \cdot [z_c^i(t^0) + (t^j - t^0) \cdot \dot{z}_c^i] \\
y_s^i(t^j) = (1 + D_s)[y_c^i(t^0) + (t^j - t^0) \cdot \dot{y}_c^i] + T_s^2 \\
\qquad + (-R_s^1) \cdot [z_c^i(t^0) + (t^j - t^0) \cdot \dot{z}_c^i] + R_s^3 \cdot [x_c^i(t^0) + (t^j - t^0) \cdot \dot{x}_c^i] \\
z_s^i(t^j) = (1 + D_s)[z_c^i(t^0) + (t^j - t^0) \cdot \dot{z}_c^i] + T_s^3 \\
\qquad + R_s^1 \cdot [y_c^i(t^0) + (t^j - t^0) \cdot \dot{y}_c^i] + (-R_s^2) \cdot [x_c^i(t^0) + (t^j - t^0) \cdot \dot{x}_c^i]
\end{cases}
\tag{5.25}
$$

由于各技术的输入周解中不包含测站的三维坐标速度，所以暂时无需公式 (5.23) 中的坐标速度转换公式。在式 (5.25) 中，D_s 和 R_s 的量级一般在 10^{-5}，而坐标速度 $\dot{x}_c^i, \dot{y}_c^i, \dot{z}_c^i$ 在约 10cm/a 的量级，因此，前者和后者相乘的量级还达不到 0.1mm/100a，是可以被忽略的 (Petit et al., 2010)。因此，上式可以简化成如下形式：

$$
\begin{cases}
x_s^i(t^j) = x_c^i(t^0) + (t^j - t^0) \cdot \dot{x}_c^i + T_s^1 + D_s \cdot x_c^i(t^0) + R_s^2 \cdot y_c^i(t^0) + (-R_s^3) \cdot z_c^i(t^0) \\
y_s^i(t^j) = y_c^i(t^0) + (t^j - t^0) \cdot \dot{y}_c^i + T_s^2 + D_s \cdot y_c^i(t^0) + (-R_s^1) \cdot z_c^i(t^0) + R_s^3 \cdot x_c^i(t^0) \\
z_s^i(t^j) = z_c^i(t^0) + (t^j - t^0) \cdot \dot{z}_c^i + T_s^3 + D_s \cdot z_c^i(t^0) + R_s^1 \cdot y_c^i(t^0) + (-R_s^2) \cdot x_c^i(t^0)
\end{cases}
\tag{5.26}
$$

除了坐标转换之外，两个参考架之间的 EOP 转换关系，如公式 (5.27) 所示：

$$
\begin{cases}
x_s^{\text{p}} = x_c^{\text{p}} + R_s^2 \\
y_s^{\text{p}} = y_c^{\text{p}} + R_s^1 \\
\text{UT}_s = \text{UT}_c - \dfrac{1}{f} R_s^3 \\
\dot{x}_s^{\text{p}} = \dot{x}_c^{\text{p}} \\
\dot{y}_s^{\text{p}} = \dot{y}_c^{\text{p}} \\
\text{lod}_s = \text{lod}_c
\end{cases}
\tag{5.27}
$$

式中，UT 表示 UT1−UTC；$f = 1.002737909350795$，是世界时与恒心时之间的转换系数。

根据式 (5.26) 和式 (5.27)，就可以建立各技术周解与待估参数之间的函数关系。值得说明的是，由于周解的参考架和综合参考架之间的七参数未知，待估参数

也要作相应的扩充, 加入参考架之间的七参数转换参数序列。这样, 由式 (5.26) 和式 (5.27) 结合起来得到基于各技术周解作为技术间综合输入的观测方程组。根据上述方程组进行最小二乘估计时, 比起一般的最小二乘估计来说, 有其较为特殊的地方, 其一是输出和输入的参数类型几乎是一样的, 输入的已知参数是坐标周解和 EOP 的日解, 而输出的待估参数则是坐标的长期综合解和与之自洽的 EOP 综合日解; 其二是输入参数之间的完整协方差阵也是已知的, 因为它来自于预先的周解解算过程; 其三是各技术观测年数众多, 因此各个技术所提供的周解数量也是十分庞大的, 直接导致输出参数的数量多达数万个, 其中包含了大量的 EOP。

为了提高运算效率, 根据已知和未知参数的以上特点, 可以巧妙地将未知参数分成两个部分, 即 "全局参数" 和 "局部参数"。全局参数即所有参与综合的测站坐标的综合解, 也即在参考时刻 t^0 的三维坐标以及坐标随时间变化的线性速度。而 "局部参数" 指的是坐标转换七参数和所有 EOP。需要注意的是, 并不是只有全局参数才参与最后的法方程解算, 全局参数和局部参数都是最后的综合法方程系统的组成部分。之所以如此划分, 是为了能够实现对由数万个未知数组成的法方程的求解。这部分的具体原因将在后文中叙述。目前, 仅需明确, 未知参数向量被重新排列并划分成了两个部分: $X_c = (x_c^1, y_c^1, z_c^1, \dot{x}_c^1, \dot{y}_c^1, \dot{z}_c^1, x_c^2, \cdots, \dot{z}_c^N)$ 和 $X_c^{\mathrm{p}} = (\cdots, T_s^1, T_s^2, T_s^3, D_s, R_s^1, R_s^2, R_s^3, x_c^{\mathrm{p}}, y_c^{\mathrm{p}}, z_c^{\mathrm{p}}, \mathrm{lod}_c, (\mathrm{UT1} - \mathrm{UTC})_c, \cdots)$。把观测方程用矩阵的形式写出, 即

$$
\begin{pmatrix}
x_s^1 \\
y_s^1 \\
z_s^1 \\
\cdots \\
x_s^{\mathrm{p}} \\
y_s^{\mathrm{p}} \\
\mathrm{lod}_s \\
\mathrm{UT}_s \\
\cdots
\end{pmatrix}
= A_{1s} X_c + A_{2s} X_c^{\mathrm{p}}
\tag{5.28}
$$

其中,

$$
A_{1s} = \begin{pmatrix}
& \vdots & & \vdots & \\
\cdots & I & (t^j - t^0)I & \cdots & \\
\cdots & 0 & I & \cdots & \\
& \vdots & & \vdots &
\end{pmatrix}
\tag{5.29}
$$

$$A_{2s} = \begin{pmatrix} \vdots & \vdots & & \vdots & & & & & & \\ 1 & 0 & 0 & x_c^i & 0 & z_c^i & -y_c^i & 0 & 0 & 0 & 0 \\ 0 & 1 & 0 & y_c^i & -z_c^i & 0 & x_c^i & 0 & 0 & 0 & 0 \\ 0 & 0 & 1 & z_c^i & y_c^i & -x_c^i & 0 & 0 & 0 & 0 & 0 \\ \vdots & \vdots & & \vdots & & & \vdots & & & & \\ 0 & 0 & 0 & 0 & 0 & 1 & 0 & 1 & 0 & 0 & 0 \\ 0 & 0 & 0 & 0 & 1 & 0 & 0 & 0 & 1 & 0 & 0 \\ 0 & 0 & 0 & 0 & 0 & 0 & 0 & 0 & 0 & 1 & 0 \\ 0 & 0 & 0 & 0 & 0 & 0 & -\dfrac{1}{f} & 0 & 0 & 0 & 1 \end{pmatrix} \qquad (5.30)$$

利用 5.1 节中介绍的测量平差理论，赋予待估参数一定的初值，即 X_c^0 和 $X_c^{\mathrm{p},0}$，方程 (5.28) 可以改写成如下形式：

$$v_s = \begin{pmatrix} A_{1s} & A_{2s} \end{pmatrix} \begin{pmatrix} \hat{X}_c \\ \hat{X}_c^{\mathrm{p}} \end{pmatrix} - l_s \qquad (5.31)$$

其中，v_s 为残差向量；A_{1s}、A_{2s} 为误差方程中未知数改正数的左乘系数矩阵；$\hat{X}_c$ 为测站坐标和速度的改正数；$\hat{X}_c^{\mathrm{p}}$ 为待求的 EOP 和七参数的改正数；l_s 为常数项向量。再由此推导得到法方程为

$$\begin{pmatrix} A_{1s}^{\mathrm{T}} P_s A_{1s} & A_{1s}^{\mathrm{T}} P_s A_{2s} \\ A_{2s}^{\mathrm{T}} P_s A_{1s} & A_{2s}^{\mathrm{T}} P_s A_{2s} \end{pmatrix} \begin{pmatrix} \hat{X}_c \\ \hat{X}_c^{\mathrm{p}} \end{pmatrix} = \begin{pmatrix} A_{1s}^{\mathrm{T}} P_s l_s \\ A_{2s}^{\mathrm{T}} P_s l_s \end{pmatrix} \qquad (5.32)$$

公式 (5.28) 仅仅是反映了一个单技术周解与长期综合解之间的关系。事实上，各个技术所提供的周解都多达上千个，也就是每一种观测技术的周解建立了上千个形同公式 (5.28) 的观测方程组。为了更直观地体现输入数据和待估参数的总体情况，表 5.1 统计了对各技术建立观测方程和法方程组并进行参数重新排列后的输入输出参数数量。

表 5.1　四种技术建立观测方程和法方程组的输入和待估参数的数量统计情况

观测技术	输入数据覆盖年份	技术内综合 SINEX 解数量	输入参数总数量[①]	待估的站坐标和速度参数总量	待估的 EOP 和坐标转换参数总量
SLR	1983.0~2015.0	1389	82612	672	36367
GNSS	1997.0~2015.0	937	853452	6828	26236
VLBI	1980.0~2015.0	5065	60165	402	19635
DORIS	1993.0~2015.0	1098	85181	948	18227

① 未参与综合且被预先消去的参数未统计入内，比如 SLR 技术和 DORIS 技术的 LOD 等；此外，粗差和野值也未计入内。

图 5.2 中也给出了 SLR、GNSS 和 DORIS 三种技术的技术内综合周解中参与当次周解解算的测站（"活跃" 测站）数量的统计时间序列。SLR 技术每个周解

的 "活跃" 测站数量从早期的 10~20 个发展到后来的 15~30 个, DORIS 技术的
每周综合解内测站数量也从 30~45 个发展到 40~55 个, 而 GNSS 周解中的 "活
跃" 测站数量则远高于另外两种技术。周解中每多一个测站的三维坐标参数值, 则
意味着该综合周解作为技术间综合的输入时又多了 3 个 "观测值"。同时我们也可
以看到, 长达数十年的各技术周解时间序列, 加之每个周解中包含的众多测站坐
标, 以及 EOP 参数日解, 为技术间综合提供了数量十分庞大的 "观测值"。

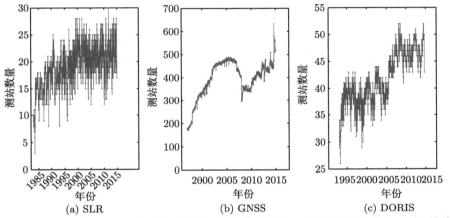

图 5.2   (a) SLR、(b) GNSS 和 (c) DORIS 三种技术的技术内综合周解中参与当次周解解算
的测站数量统计时间序列

正是由于 "观测" 数据的数量庞大, 而且待估计参数的数量也十分庞大, 所
以必须对待估参数进行重新排列, 再作法方程叠加。对于各技术内的所有 SINEX
文件, 都可以建立如式 (5.32) 的法方程。这些法方程都共同拥有测站坐标待估参
数部分, 即 $\hat{X}_c$, 而又各自拥有转换参数和 EOP 部分, 即不同的 $\hat{X}_c^p$。这正是我
们要将待估向量分成两个部分的原因。根据法方程叠加原理, 将综合参考架下的
站坐标和速度参数作为全局参数, 将 EOP 和坐标转换参数作为局部参数, 对技
术内的所有法方程叠加, 得到了基于 SINEX 文件的技术内大型法方程系统:

$$\begin{pmatrix} \sum_{i=1}^{k} A_{1i}^{\mathrm{T}} P_i A_{1i} & A_{11}^{\mathrm{T}} P_1 A_{21} & A_{12}^{\mathrm{T}} P_2 A_{22} & \cdots & A_{1k}^{\mathrm{T}} P_k A_{2k} \\ A_{21}^{\mathrm{T}} P_1 A_{11} & A_{21}^{\mathrm{T}} P_1 A_{21} & 0 & \cdots & 0 \\ A_{22}^{\mathrm{T}} P_2 A_{12} & 0 & A_{22}^{\mathrm{T}} P_2 A_{22} & & 0 \\ \vdots & \vdots & & \ddots & \\ A_{2k}^{\mathrm{T}} P_k A_{1k} & 0 & 0 & & A_{2k}^{\mathrm{T}} P_k A_{2k} \end{pmatrix} \cdot \hat{x} = \begin{pmatrix} \sum_{i=1}^{k} A_{1i}^{\mathrm{T}} P_i l_i \\ A_{21}^{\mathrm{T}} P_1 l_1 \\ A_{22}^{\mathrm{T}} P_2 l_2 \\ \vdots \\ A_{2k}^{\mathrm{T}} P_k l_k \end{pmatrix}$$

$$(5.33)$$

每个技术的所有法方程叠加都可以得到形如公式 (5.33) 的一个技术内法方程系统。那么，将四种技术的法方程综合在一起的第一步工作，就是对四种技术的待估参数再进行一次合并和重新排列，继而将四种技术的法方程系统叠加为一个统一的法方程系统。在这个过程中，四种技术的所有测站的待估站坐标和速度将被整合在一起，成为 "全局参数"，剩下的为局部参数；而四种技术都包含的 EOP，则会把同一参考时刻的参数综合起来，避免出现同一个参数在一个时刻有多个解的情况。

需要特别指出的是，为了节省计算机存储空间并且提高运算效率，同时也考虑到公式 (5.33) 的法方程矩阵的特点，即系数矩阵右下方存在多个 0 元素子矩阵，很有必要采用分块存储的方法，只存储法方程系数矩阵中的非 0 子矩阵。

5.3　地球参考架的基准定义

从测地角度来看，一种地球参考系和相应地球参考架的实现，包含了 14 个基准参数：3 个平移参数 (坐标原点定义)、1 个尺度参数、3 个旋转参数 (地球定向的定义) 以及它们随时间的变化率，其地球参考架的基准应与所定义的地球参考系理论相一致。不同的空间技术在实现地球参考架上的能力是不同的，如卫星技术 SLR、GNSS、DORIS 对地球质心是敏感的，VLBI 对其却不敏感；而 VLBI 对于尺度的确定精度远高于其他技术；对于参考架的定向来说，各空间技术都不能够确定，一般是通过既定的协议来给定。从数学的角度看，仅仅由观测技术周解累积起来的法方程矩阵是奇异的，它的秩亏数正好需要对参考架基准的定义来弥补，因此，在多种空间技术综合解算测站坐标和速度以及 EOP 序列的过程中，要给定综合参考框架的一组基准定义。基准定义的方法有很多，其方法的选取将直接影响综合地球参考架和 EOP 序列的精度，而且基准参数中的任何偏差或者漂移都有可能传播到其应用领域中，例如平均海平面测定及海平面时空变化等 (Morel et al., 2005; Beckley et al., 2007; Collilieux et al.,2011)。

根据 IERS Conventions 2010 (Petit et al., 2010)，IUGG 2007 大会一致通过了用 "地心地球参考系" (Geocentric Terrestrial Reference System，GTRS) 来代替原来的 "协议地球参考系" (Conventional Terrestrial Reference System，CTRS)。而 CTRS 变成了一个通用的术语，泛指用一系列协议约定原点、尺度和定向而实现的某种地球参考系。除此以外，IERS Conventions 2010 中还给出了 GTRS 的原点、尺度和定向的定义：

(1) 原点：定义在整个地球系统的地球质心，包括海洋和大气部分；

(2) GTRS 的时间系统是地心坐标时 (geocentric coordinate time，TCG)，它

要求地球参考系的尺度与此一致；

(3) GTRS 的定向随时间的变化相对于地球表面的水平方向是满足无整体旋转 (no-net-rotation，NNR) 条件的。

事实上，根据 IAG 在 1991 年的决议以及众多科学和实际应用上的考虑，IERS 认为通常使用的 ITRS 仅是在三维空间里的定义，或者可以说 ITRS 满足的是 GTRS 定义中的三维空间部分。根据以上约定，IERS 给出了 ITRS 定义必须满足的条件：

(1) 原点定义在整个地球系统的质心，包括海洋和大气部分；

(2) 长度单位是米 (SI)。尺度与地球局部框架的 TCG 时间系统一致，满足 IAU 和 IUGG 1991 年的决议，由相应的相对论模型去实现；

(3) 定向的初始值与国际时间局 (Bureau International de I'Heure，BIH) 给出的 BIH 1984.0 一致；

(4) 定向随时间的变化相对于整个地球的水平方向板块运动满足无整体旋转条件。

根据 IERS 对地球参考系的定义，本节将以施加约束方程的形式实现地球参考架的基准定义，具体地：① 原点定义在地球质心，也就是与 SLR 技术解确定的地心一致，即约束综合地球参考架与 SLR 时间序列之间的平移参数在参考历元如 J2005.0 等于 0，同时平移参数的线性速率也等于 0；② 尺度定义：由 SLR 和 VLBI 技术解共同确定，即约束综合参考与 SLR 和 VLBI 时间序列之间的尺度参数加权结果在参考历元等于 0，同时其线性速率也等于 0；③ 定向定义：使得综合地球参考架与 ITRF2008 的部分核心站之间在参考历元的三个旋转参数及其速率为零。为此，我们选择了 22 个 SLR 测站、89 个 GNSS 测站、34 个 VLBI 测站以及 26 个 DORIS 测站作为核心站。为了实现上述参考架基准定义，共使用了两种不同的约束方法：内在约束和最小约束。

Sillard 和 Boucher (2001) 提出的最小约束方法的核心思想就是在不增加任何不必要的信息的前提下，去弥补法方程中的秩亏。假设一组测站坐标 $X = (x^1, y^1, z^1, \dot{x}^1, \dot{y}^1, \dot{z}^1, x^2, \cdots, \dot{z}^N)^{\mathrm{T}}$ 所暗含的地球参考架需要转换到另一种参考地球参考架基准定义之下，$X_{\mathrm{R}} = (x_{\mathrm{R}}^1, y_{\mathrm{R}}^1, z_{\mathrm{R}}^1, \dot{x}_{\mathrm{R}}^1, \dot{y}_{\mathrm{R}}^1, \dot{z}_{\mathrm{R}}^1, x_{\mathrm{R}}^2, \cdots, z_{\mathrm{R}}^N)^{\mathrm{T}}$ 表示其参考坐标。两者之间的转换可以用如下公式来表达：

$$X = X_{\mathrm{R}} + G\theta \tag{5.34}$$

其中，θ 为坐标 (基准) 转换的 14 参数；G 为 14 参数转换的系数矩阵，具体形式为

$$G = \begin{pmatrix} \vdots & \vdots & \vdots & \vdots & & \vdots & & \vdots & \vdots & \vdots & \vdots & & \vdots & & \vdots \\ 1 & 0 & 0 & x_0^i & 0 & z_0^i & -y_0^i & & & & & & & \\ 0 & 1 & 0 & y_0^i & -z_0^i & 0 & x_0^i & & & & 0 & & & \\ 0 & 0 & 1 & z_0^i & y_0^i & -x_0^i & 0 & & & & & & & \\ & & & & & & & 1 & 0 & 0 & x_0^i & 0 & z_0^i & -y_0^i \\ & & 0 & & & & & 0 & 1 & 0 & y_0^i & -z_0^i & 0 & x_0^i \\ & & & & & & & 0 & 0 & 1 & z_0^i & y_0^i & -x_0^i & 0 \\ \vdots & \vdots & \vdots & \vdots & & \vdots & & \vdots & \vdots & \vdots & \vdots & & \vdots & & \vdots \end{pmatrix} \tag{5.35}$$

以 $\Delta X_\mathrm{R} = X - X_\mathrm{R}$ 作为观测值，V_x 作为观测值的改正数，θ 的初值设为 0，得到

$$\Delta X_\mathrm{R} + V_x = G\hat{\theta} \tag{5.36}$$

再由最小二乘理论可知

$$\hat{\theta} = (G^\mathrm{T}G)^{-1}G^\mathrm{T}\Delta X_\mathrm{R} = B \cdot \Delta X_\mathrm{R} \tag{5.37}$$

显然，为了使 X 和 X_R 的参考基准一致，那么转换参数必须满足

$$\hat{\theta} = B \cdot \Delta X_\mathrm{R} = 0 \tag{5.38}$$

由式 (5.38) 再依据最小二乘原理，得到法方程为

$$B^\mathrm{T}\Sigma_\theta^{-1}BX_\mathrm{C} = B^\mathrm{T}\Sigma_\theta^{-1}B(X_\mathrm{R} - X_0) \tag{5.39}$$

将此方程引入 5.2 节的法方程中去，得到

$$(N + B^\mathrm{T}\Sigma_\theta^{-1}B)\hat{X}_\mathrm{C} = W + B^\mathrm{T}\Sigma_\theta^{-1}B(X_\mathrm{R} - X_0) \tag{5.40}$$

　　最小约束要起作用，实际上就是令两个坐标系之间的转换参数或者其中一部分参数能够满足式 (5.38)。不同空间大地测量技术的秩亏数不同，其所需要约束的转换参数也有所不同。在综合的过程中，原点由 SLR 技术来确定，尺度由 SLR 和 VLBI 共同确定，仅有定向是无法依靠大地测量技术本身确定的，因此需要借助式 (5.38)，令综合地球参考架和某一个已知地球参考架之间的三个旋转参数及其速率等于 0。对于这个已知的参考架，本书选择了 ITRF2008，也就是令待解算的综合地球参考架和已知的 ITRF2008 之间的旋转参数及其速率满足式 (5.38)。这里并不是所有的测站一起满足式 (5.38)，而是选取了一些核心站来执行。

　　对由多年的观测技术测站坐标周解累积起来的长期综合解使用内在约束的目的是不干扰卫星观测技术对质心以及 VLBI 技术对尺度的敏感性等，避免从外部

约束这些坐标基准信息 (Altamimi et al., 2008)。基于公式 (5.26) 和公式 (5.27) 组成的综合地球参考架模型，只考虑地球参考架及转换参数的线性变化，对任意时刻 t_k 的七参数任意之一 P_k 均可以表示成

$$P_k = P_k(t_0) - (t_k - t_0) \cdot \dot{P}_k \tag{5.41}$$

其中，t_0 为综合地球参考架的参考历元。考虑到在综合模型中，需要解算的是每个单技术周解中的参考架与综合长期解之间的转换参数，因此才有可能实现对这些转换参数应用某些约束条件，使得综合地球参考架在参考历元的转换参数及其速率能够满足内在约束条件：

$$\begin{cases} P_k(t_0) = 0 \\ \dot{P}_k = 0 \end{cases} \tag{5.42}$$

利用线性回归理论和最小二乘理论，可以很快得到

$$\begin{pmatrix} K & \sum_{k \in K} (t_k - t_0) \\ \sum_{k \in K} (t_k - t_0) & \sum_{k \in K} (t_k - t_0)^2 \end{pmatrix} \begin{pmatrix} P_k(t_0) \\ \dot{P}_k \end{pmatrix} = \begin{pmatrix} \sum_{k \in K} P_k \\ \sum_{k \in K} (t_k - t_0) P_k \end{pmatrix} \tag{5.43}$$

将公式 (5.41) 和公式 (5.43) 结合在一起，就得到了实际应用到综合地球参考架中的内在约束方程：

$$\begin{cases} \sum_{k \in K} P_k = 0 \\ \sum_{k \in K} \dfrac{\dot{P}_k}{(t_k - t_0)^{-1}} = 0 \end{cases} \tag{5.44}$$

公式 (5.44) 的两个条件不仅弥补了原有法方程系统中的秩亏，还定义了在参考时刻的参考架基准及其时间变化率，这样的内在约束可以被看作等效于任何形式的内部约束 (Blaha, 1971)，因为它不依赖于任何外部的参考基准信息。内在约束方法不仅完全独立于任何的外部框架，它还拥有保留转换参数周与周之间的变化的能力，也就是说，它可以做到保留所需要观测技术对测地的敏感性，例如 SLR 对地心和尺度的敏感性，或者 VLBI 对尺度的敏感性。

5.4 多种技术并置站的应用

并置站是指两种及两种以上空间技术同时或者相继占用非常近的位置进行观测，且它们的测站位置已经用经典大地测量技术或 GNSS 技术进行过本地连接精

确测量的多技术并置站。利用并置站本地连接测量才能对不同技术解的基准网起
到连接作用，即没有并置站就不可能有技术间的综合 (Ray et al., 2005)。并置站
的本地测量可以作为独立于各技术解之外的"观测值"引入技术间综合的观测方
程组中。因此，并置站的数量、精度、全球分布情况等对技术间综合解的精度起
到决定性的影响 (Altamimi et al., 2013)。

目前，对全球并置站的本地测量是由不同机构在不同时间采用不同方法或策
略来进行操作的，其中，一部分是由并置站所在当地机构来测量，一部分是由其
他机构如 IGN 等来测量。IERS 对所有的并置站测量资料进行整理，提供了全球
并置站测量的统一格式的数据文件，均为 SINEX 文件形式。由于并置站数据的
良莠不齐，其中除部分并置站测量的 SINEX 文件能给出站坐标和完整方差–协方
差矩阵 (Johnston et al., 2000; Sarti et al., 2004)，仍有少部分并置站到目前为止
还不能提供完整的方差–协方差阵，只有根据经验公式和标准差计算得到的对角
阵作为精度信息。

本书引入并置站本地连接测量的策略与 ITRF2008 策略的主要区别在于：
ITRF2008 对并置站的站坐标引入参考架的综合采用了与前述各技术的综合完全
一样的原理，而本书试验对并置站的本地测量坐标采用了坐标较差的形式，目的
是尽量让综合地球参考架的原点和尺度由空间观测技术本身来确定，尽量减小基
准网变形的影响。总地来说，并置站本地连接测量的引入包含两步：第一步，将并
置站本地测量 SINEX 文件中的两两站坐标 $(x_s^i, y_s^i, z_s^i)^{\mathrm{T}}$, $(x_s^j, y_s^j, z_s^j)^{\mathrm{T}}$ 转换为坐标
较差矢量形式，如式 (5.45)，并且由 SINEX 中的协方差阵转换为较差的方差–协
方差阵，如式 (5.46)；第二步，将坐标差矢量作为独立的观测，最终将得到的法
方程叠加到 5.2 节中建立的法方程系统中。

$$\begin{cases} \Delta x_s = x_s^i - x_s^j \\ \Delta y_s = y_s^i - y_s^j \\ \Delta z_s = z_s^i - z_s^j \end{cases} \tag{5.45}$$

$$D_{\Delta,s} = K \cdot D_{ij,s} \cdot K^{\mathrm{T}}, \quad K = \begin{bmatrix} 1 & 0 & 0 & -1 & 0 & 0 \\ 0 & 1 & 0 & 0 & -1 & 0 \\ 0 & 0 & 1 & 0 & 0 & -1 \end{bmatrix} \tag{5.46}$$

5.5　测站非连续性变化的探测

各空间技术 GNSS、VLBI、SLR、DORIS 的测站都会因地震、测站迁移、仪
器拆卸更换等发生测站位置的偏移或运动变化，称之为测站的非连续性。详细的
测站信息变化在 EOP 和地球参考架同时解算中是很重要的，对模型解算精度的

提高和可靠性有很大帮助。如果测站的非连续性没有得到很好的估计与考虑，而直接当作连续的测站引入解算中，将会对综合解的 EOP 和地球参考架结果造成不可估量的影响，而且这种影响往往渗透到解算过程的所有中间结果和附加产品中去。一旦探测到台站位置的跳变，就要将跳变发生前后的台站位置分开来当作两个不同的解，并且还要依据一定准则迭代判断是否应该把跳变前后的台站速度视为相等，如果判断出跳变前后的台站速度是相等的，应该在综合时对跳变前后的这两个站坐标附加速度相等的约束条件。

　　IERS 提供了测站的部分非连续性文件记录，包含测站在何时出现过变迁、在某一段时间内可以看作是连续的等信息，但是仍然有些测站的非连续性缺乏相关记录。在解算过程中，可以通过分析中间结果如 Helmert 坐标转换参数、测站残差序列等，对不连续性予以探测，确定更为完善的测站非连续性信息记录。如图 5.3 所示，假设 GNSS AZCN 站未发生跳变，经过综合后得到的测站残差序列，结果从 2006 年至 2010 年都受到了影响，有显著的线性项特征，意味着当测站发生不连续性时，若不作非连续性的处理而当作连续的测站，会影响该测站在解算的整个时间段上的结果。为此，本书将该站在约化儒略日 (MJD)55425.0 这一天前后的站坐标分段成不同的解来对待，解算后得到的残差序列如图 5.4 所示，从而证实了测站发生非连续现象会引起测站坐标精度下降的猜想和跳变探测对解算精度的提高起重要作用 (何冰，2017；张晶，2018)。

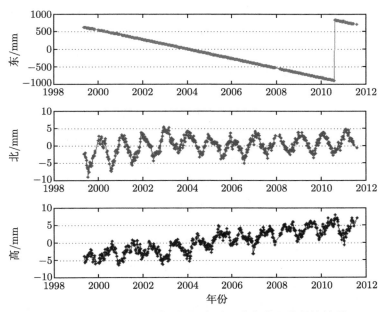

图 5.3　AZCN 站残差序列图 (未引入跳变出现分段线性项)

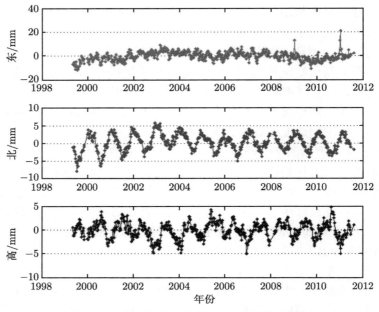

图 5.4　AZCN 站引入跳变后的残差序列图

经过对各个技术的测站残差分析，在 2010 年后可能发生了跳变的 GNSS 测站数目远多于 SLR、DORIS、VLBI 三种技术。据统计，截止到各技术的数据使用年限，其中包括 AZCN、AIRA 站在内的共约 50 个 GNSS 测站在 2010 年之后发生了不同程度的跳变，作为对比，仅有 3 个 SLR 测站和 1 个 VLBI 站发生了跳变，DORIS 技术的测站暂时未探测到跳变。

5.6　方差分量估计定权方法

不同空间大地测量技术从观测到数据处理，彼此之间都是完全独立的，由于观测仪器、函数模型和随机模型的不一致，各技术解算结果中提供的方差水平也是不一致的。因此，在综合它们的周解去解算一个长期线性的、高精度的、全球的地球参考架时，必须要考虑对各个技术提供的参数精度进行一个重新定权，无论是用经验的还是模型的方法。

方差分量估计法是在地球参考架综合中被广泛引用的一种定权方法。例如，VLBI 技术内综合解就是采用方差分量估计法对各个分析中心的解进行加权处理 (Böckmann et al., 2010b)。

在前面章节中已经描述过，由观测向量和误差模型得到基于高斯–马尔可夫模型的误差方程：

$$v = A\hat{x} - l \tag{5.47}$$

式中，v 为观测向量的残差；A 为系数矩阵；$\hat{x} = \hat{X} - X_0$；常数项 $l = L - f(x_0)$。

观测向量 L 的随机模型为

$$D_{LL} = \sigma_0^2 Q_{LL} = \sigma_0^2 P^{-1} \tag{5.48}$$

式中，D_{LL} 为观测向量 L 的协方差阵；Q_{LL} 为协因数阵；P 为权矩阵；σ_0^2 为单位权方差。

经过法方程求解，不仅能得到参数的估值，还能够求得单位权方差的验后估值为

$$\hat{\sigma}_0^2 = \frac{v^{\mathrm{T}} p v}{r} = \frac{v^{\mathrm{T}} p v}{m - t}$$

式中，t 为必要观测数；r 为自由度。参数改正值 $\hat{x}$ 及残差 v 的协方差阵分别为

$$D_{\hat{X}\hat{X}} = \hat{\sigma}_0^2 Q_{\hat{X}\hat{X}} \tag{5.49}$$

$$D_{vv} = \hat{\sigma}_0^2 Q_{vv} \tag{5.50}$$

在线性最小二乘平差中，验后单位权方差 $\hat{\sigma}_0^2$ 可以看作是对观测值向量的协方差整体水平的一个评估，是一般最小二乘平差方法都会做的验后精度评估。但是它是基于观测向量之间的相对权重 (协方差水平的相互关系) 是已知的，即 P 和 Q_{LL} 已知，但在多种技术综合地球参考架和 EOP 时，即使各个技术内的先验协方差阵已知，各个技术之间的相对协方差水平差异还是未知的，是需要确定的。也就是说，当把多种技术观测值综合到一起时，相应的综合权矩阵 P_c 不是完全确定的。基于这样一种实际情况和条件，可通过引入协方差分量估计方法来评估各个技术之间的相对协方差因子，避免由各先验协方差阵的形式精度不一致引起的地球参考架形变和验后协方差矩阵的不可靠。为了不破坏各个技术内的协方差阵，协方差分量法仅估计各个技术的整体方差水平，称为方差分量，其作为一个乘数因子乘到相应的先验协方差矩阵上，再代入综合中。

一般地，假设有 k 个方差分量待估，那么协方差矩阵可以分解为

$$D_{ll} = V_0 + \sum_{i=1}^{k} s_i V_i \tag{5.51}$$

其中，$s = (s_1, s_2, s_3, \cdots, s_k)^{\mathrm{T}}$ 是方差分量向量；$V_0, \cdots, V_k$ 为分解矩阵 (已知)。

　　特别地，在综合 k 种技术的参考框架时，每一种观测技术提供了一组观测值及相应的协方差矩阵。此外还有一个前提条件是：各个技术的观测值之间相互独立 ($V_0 = 0$)。假设第 i 种技术有 n_i 个观测值，其协方差阵为 $D_i = \sigma_i^2 Q_i = \sigma_i^2 P_i^{-1}$，对应的方差分量为 s_i，可以得到

$$s_i = \hat{\sigma}_i^2, \quad V_i = \begin{pmatrix} 0 & \cdots & 0 & \cdots & 0 \\ 0 & \cdots & Q_i & \cdots & 0 \\ \vdots & & \vdots & & \vdots \\ 0 & \cdots & 0 & \cdots & 0 \end{pmatrix}, \quad \forall i = 1, \cdots, k \tag{5.52}$$

$$D_{ll} = \begin{pmatrix} \sigma_1^2 Q_1 & \cdots & 0 & \cdots & 0 \\ 0 & \cdots & \sigma_2^2 Q_2 & \cdots & 0 \\ \vdots & & & \ddots & \\ 0 & \cdots & 0 & \cdots & \sigma_k^2 Q_k \end{pmatrix} \tag{5.53}$$

　　如何求解协方差分量，文献中给出了多种方法，基于非特殊情况的普遍协方差分量模型 $D_{ll} = V_0 + \sum_{i=1}^{k} s_i V_i$，Teunissen 等 (2008) 给出了统计上严格的赫尔默特 (Helmert) 估计。主要的求解公式如下：

$$\hat{s} = H^{-1} q \tag{5.54}$$

其中，

$$H = (h_{ij}), \quad h_{ij} = \text{tr}(W V_i W V_j), \quad i, j = 1, \cdots, k \tag{5.55}$$

$$q = (q_i) q_i = V^{\mathrm{T}} P V_i P v - h_{i0}, \quad i = 1, \cdots, k \tag{5.56}$$

$$h_{i0} = \text{tr}(W V_i W V_0), \quad i = 1, \cdots, k \tag{5.57}$$

$$W = P(I - A(A^{\mathrm{T}} P A)^{-1} A^{\mathrm{T}} P) = P Q_{vv} P \tag{5.58}$$

$$P^{-1} = \sum_{i=0}^{k} V_i \tag{5.59}$$

　　仅当 $\hat{s} = (1, 1, \cdots, 1)^{\mathrm{T}}$ 时，$\hat{s} = H^{-1} q$ 才是无偏的。因此，解算过程实际上是迭代进行的。为了实现这样的条件，随机模型 $D_{ll} = V_0 + \sum_{i=1}^{k} s_i V_i$ 可改写成如下形式：

$$D_{ll} = V_0 + \sum_{i=1}^{k} s_i V_i = V_0 + \sum_{i=1}^{k} s_i a_i T_i \tag{5.60}$$

式中，s_i 收敛于 1 (无偏性)；T_i 已知且不在迭代中改变；a_i 作为方差分量的近似值。a_i 的初始值可以任意给定，而在迭代第 $\omega + 1$ 次时，a_i 的值为

$$(a_i)_{\omega+1} = (a_i)_\omega \cdot (\hat{s}_i)_\omega = (a_i)_1 \cdot \prod_{j=1}^{\omega} (\hat{s}_i)_j \tag{5.61}$$

当 $\hat{s}_i = 1$ (精度允许范围内) 时，迭代完成。

为了简化公式，对于形如 $D_{11} = \begin{pmatrix} Q_0 & \cdots & 0 & \cdots & 0 \\ \sigma_1^2 Q_1 & \cdots & 0 & \cdots & 0 \\ 0 & \cdots & \sigma_2^2 Q_2 & \cdots & 0 \\ \vdots & & & \ddots & \\ 0 & \cdots & 0 & \cdots & \sigma_k^2 Q_k \end{pmatrix}$ 的协方差矩阵，可以将解算公式简化为

$$h_{ij} = \delta_{ij}(n_i - 2\mathrm{tr}(N^{-1}A_i^{\mathrm{T}}P_iA_i)) \\ + \mathrm{tr}(N^{-1}A_i^{\mathrm{T}}P_iA_iN^{-1}A_j^{\mathrm{T}}P_jA_j), \quad i,j = 1, \cdots, k \tag{5.62}$$

$$q_i = v_i^{\mathrm{T}}P_iv_i - h_{i0}, \quad i = 1, \cdots, k \tag{5.63}$$

$$h_{i0} = \mathrm{tr}(N^{-1}A_i^{\mathrm{T}}P_iA_iN^{-1}A_0^{\mathrm{T}}P_0A_0) \tag{5.64}$$

式中，δ_{ij} 为克罗内克 (Kronecker) 算子。

以上，既是求解方差分量估计的赫尔默特解法 (Bähr et al., 2007)，也是协方差矩阵为分块对角阵条件下的约化算法。但是从上面的式子中可以看到，使用赫尔默特解法计算量很大，尤其是对于地球参考架综合来说，计算量十分惊人。为了节省时间和计算量，在精度允许范围内，可采用另一种简化解法——自由度解法。

对于协方差矩阵为分块对角阵的情形，自由度解法推导出的方差分量求解公式为

$$\hat{\sigma}_{i,D}^2 = \hat{s}_{i,F} = \frac{v_i^{\mathrm{T}}P_iv_i}{n_i - \mathrm{tr}(N^{-1}A_i^{\mathrm{T}}P_iA_i)} \tag{5.65}$$

理论上来说，在能够收敛的前提下，自由度算法结果与赫尔默特解法等同。表5.2 大致总结了两种方法之间的优劣比较。

表 5.2　方差分量估计的两种算法比较

算法	优点	缺点
赫尔默特算法	严格；收敛性好；可以给出方差分量的协方差矩阵 $D\{\hat{s}\}$	初值选取不当,可能会产生负值 (不合理)
自由度算法	节省时间, 大幅降低计算量	收敛速度较慢；不能提供 $D\{\hat{s}\}$

使用上述方差分量估计的自由度法, 可得到收敛后的四种技术的相对权因子如表 5.3 所示。

表 5.3　四种技术的方差分量估值初步结果

观测技术	SLR	GNSS	VLBI	DORIS
权因子	5.5	6.4	1.4	2.4

在进行综合的最小二乘迭代过程中,方差分量估计也要同步进行迭代计算,前一步迭代得到的方差分量估值 $\hat{\sigma}_{i,D}^2$,将以其倒数形式 $1/\hat{\sigma}_{i,D}^2$ 乘以权矩阵作为新一轮迭代的权矩阵。相对权因子的大小, 是对各个技术的内部形式精度表现在技术间综合时权矩阵整体水平的一个调整。

5.7　并行算法在求解大型法方程组中的应用

在做地球参考架和 EOP 综合时, 各技术数据时间跨度长达 10~40 年, 加之综合方法的要求, 因此程序在多个功能模块中都需要耗时较久的计算。首先, 在数据文件录入阶段, 程序需要读取多达约 6000 个文件。并且由于 GNSS、SLR 两种技术的 SINEX 文件提供的是参数估值和完整协方差矩阵, 需要利用文件中的有效信息, 将其恢复成法方程的形式, 其中的矩阵求逆过程较为耗时 (尤其是 GNSS 技术, 因为其测站数量明显多于其他技术)。在处理如此大批文件时, 若不采用并行算法, 只采用单核 CPU 来读取文件并恢复法方程, 则需要大量的时间。经统计, 单核 CPU 处理所有的 SLR-SINEX 文件要花费近 1 小时, 而 GNSS 技术则预计花费 4 小时或更久。其次, 要实现长期稳定的综合地球参考架和与之相一致的 EOP 序列, 需要同时处理尽可能长时间跨度的数据, 这就需要一次录入众多 SINEX 文件, 同时, 也意味着要同时解算的参数将达到 5 万个以上。其中包括四种技术全球分布的测站的三维坐标和线性速度及每日的地球自转参数、每周的地球参考架与综合参考架之间必要的赫尔默特转换参数等。因此其法方程矩阵的维度也将达到 50000×50000 以上。尽管可以根据综合方法和协方差阵的特殊性质将 50000×50000 的法方程矩阵分块成绝大部分的零矩阵和若干子矩阵, 以此来降低计算量, 但是其耗时量依然十分巨大。基于上述两个主要原因, 采用课题组已有 64 核并行服务器，引入基于 OpenMP 的并行算法来提高运行速度，有效节省了运算时间。

OpenMP 是一种基于内存共享的并行算法标准 (Hermanns, 2002)。它定义了一套编译指令、库函数以及环境变量以供 Fortran 或者 C/C++ 程序调用。OpenMP 的优点在于：① 指令简单，可以在不需要对原有的非并行程序作大改动的情况下添加到其中，使其能够成为并行程序；② OpenMP 是一种"条件编译"指令。即对于普通的编译器，程序中的并行指令将不起作用，可以被普通编译器当作注释行对待，只有对并行编译器，才会将对应的语句识别为并行指令。因此，即使到了非并行的环境下，程序依然可以正常运行，只是不再具备并行的能力。基于上述优点，加上程序需要并行的部分以循环居多，OpenMP 算法已经足够满足要求且易于操作。

为了直观反映 OpenMP 并行算法对效率的提升程度，表 5.4 统计了仅利用四种技术对 2005 年 1 年数据作 1 次综合迭代的时间对比，当数据年份增加时，串行方法和并行方法所消耗的时间成本差距将会大大增加，因此串行程序总的耗时不在此次统计范围内。而利用 OpenMP 并行算法，对全部数据进行综合以及迭代最终生成地球参考架和 EOP 的综合解总用时约为 22 小时。

表 5.4 程序运行时间成本对比

试验	统计步骤	串行程序/min	OpenMP 并行程序/min
仅基于 2005 年数据的综合	SLR 技术的法方程累积	0.08	<0.01
	GNSS 技术的法方程累积	10	2
	VLBI 技术的法方程累积	0.01	<0.01
	DORIS 技术的法方程累积	0.17	<0.01
	解大型法方程矩阵	2	<1
	至迭代收敛的总时间成本	60	24

5.8 线形地球参考架和 EOP 确定方法讨论

综合多种技术建立线形地球参考架和地球定向参数方法是时空基准建立的基础，通过各种技术的技术内短期解与综合长期解之间的函数关系，利用法方程叠加和约束条件建立四种技术综合解算地球参考架和 EOP 的大型综合法方程系统，再依照本章对综合过程中涉及的一些关键步骤或者方法的介绍，包括：综合地球参考架的基准定义及其实现、多技术并置站的引入、测站非连续跳变的探测与处理、不同技术相对权因子的确定，以及并行算法对运算效率的提高等，就可获得 5mm 左右的地球参考架及其相应 EOP。

第 6 章　多种空间大地测量技术综合建立地球参考架结果分析

　　基于第 4 章介绍的技术内综合后数据和第 5 章多种技术确定地球参考架和 EOP 综合方法, 可利用 GNSS、SLR、DORIS、VLBI 四种技术多年的 SINEX 格式周 (日) 解以及全球并置站信息, 引入方差分量估计方法加权, 建立大型综合法方程系统, 同时解算出综合地球参考架和 EOP 时间序列。基于自主研发的综合软件, 本书采用不同的数据长度, 分别解算了两组综合地球参考架和相应的 EOP 序列, 分别将这两组解命名为 Solution-1 (SOL-1) 和 Solution-2 (SOL-2), 表 6.1 列出了这两组解使用的输入数据时间跨度。第 4 章已经介绍过输入数据的相关情况, SLR、GNSS、DORIS 三种技术提供的是技术内综合的站坐标周解和该周内的 EOP 日解, 而 VLBI 提供的是技术内综合的 24 小时观测日解, 它们都是以 SINEX 文件格式提供的。SOL-1 解的截止时间是 2009.0, 这与 ITRF2008 的数据截止时间一致, 方便对两种综合方法进行比较。SOL-2 解的截止时间是 2015.0, 与 ITRF2014 的截止时间对应, 方便对两者进行比较, 另外, 也可以考查 6 年数据量的增加对地球参考架综合的影响。无论是 SOL-1 还是 SOL-2 解, 其结果主要包括: 分布于全球的四种技术测站 (图 6.1) 在参考历元 J2005.0 时的三维坐标和速度, 以及覆盖整个输入数据时间段内的 EOP 综合解时间序列。

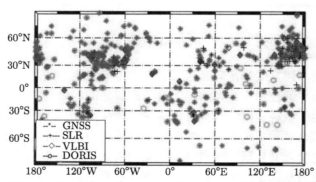

图 6.1　GNSS、SLR、VLBI 及 DORIS 测站全球分布图

表 6.1　两组 TRF 综合解的输入数据覆盖时间范围

	SLR	GNSS	VLBI	DORIS
SOL-1	1983.0~2009.0	1997.0~2009.0	1980.0~2009.0	1993.0~2009.0
SOL-2	1983.0~2015.0	1997.0~2015.0	1980.0~2015.0	1993.0~2015.0

6.1　综合地球参考架的基准实现

在综合地球参考架结果中，最关键的部分是全球测站的站坐标和速度场以及其所实现的参考架基准。两个不同的地球参考架之间的 14 参数转换模型不仅提供了两个坐标系互相转换的参数依据，而且常被用来作为评估参考架基准精度的方式。表 6.2 给出了 SOL-1 与 ITRF2008、DTRF2008 和 SOL-2 之间，以及 SOL-2 与 ITRF2008 之间在 J2005.0 时的参考架转换七参数及其速率共 14 参数的结果比较，同时还给出了在 J2010.0 时 SOL-2 参考架转换到 ITRF2014 参考架的七参数及其速率共 14 参数的结果比较。先看 x 轴、y 轴和 z 轴三个方向上的平移参数 T_x、T_y 和 T_z 及其变化率，从 SOL-1 到 ITRF2008 或者 DTRF2008 的 T_x 和 T_y 均小于 0.1mm 且其速率均小于 0.3mm/a；而在 z 方向，SOL-1 相对于 DTRF2008 的平移参数为 1.0mm，小于相对于 ITRF2008 的 3.4mm，两者的速率 (绝对值) 依然均不超过 0.2mm/a。SOL-2 和 ITRF2008 之间的三个坐标轴方向上的平移参数分别是 1.5mm、0.7mm 和 4.0mm，速率小于 0.6mm/a，依然是在 z 方向上数值较大。而 SOL-2 相对于 ITRF2014 的三轴方向上的平移参数分别是 2.2mm、−1.8mm 和 −0.9mm，且平移参数速率 (绝对值) 小于 0.4mm/a。SOL-1 和 SOL-2 所采用的是同样的方法和综合软件，但是不同的数据截止日期，从 SOL-1 至 SOL-2 的三个坐标轴方向上的平移参数分别是 −1.4mm、−0.7mm 和 −0.7mm。

表 6.2　SOL-1 和 SOL-2 与 ITRF2008，ITRF2014，DTRF2008 之间转换的 14 参数结果比较

	T_x/mm $\dot{T}_x$/(mm/a)	T_y/mm $\dot{T}_y$/(mm/a)	T_z/mm $\dot{T}_z$/(mm/a)	D/ppb $\dot{D}$/(ppb/a)	R_x/mas $\dot{R}_x$/(mas/a)	R_y/mas $\dot{R}_y$/(mas/a)	R_z/mas $\dot{R}_z$/(mas/a)
SOL-1 到	0.0(±0.1)	0.0(±0.1)	3.4(±0.1)	−0.77(±0.02)	0.03(±0.00)	−0.01(±0.00)	0.01(±0.00)
ITRF2008	−0.2(±0.1)	−0.2(±0.1)	−0.2(±0.1)	0.02(±0.02)	0.00(±0.00)	0.00(±0.00)	0.00(±0.00)
SOL-1 到	0.0(±0.3)	0.1(±0.4)	−1.0(±0.4)	−0.19(±0.06)	0.01(±0.01)	−0.03(±0.01)	0.03(±0.01)
DTRF2008	0.2(±0.3)	−0.1(±0.4)	−0.1(±0.4)	−0.07(±0.06)	0.00(±0.01)	0.00(±0.01)	0.00(±0.01)
SOL-2 到	1.5(±0.2)	0.7(±0.2)	4.0(±0.2)	−0.55(±0.03)	0.03(±0.01)	−0.02(±0.01)	0.04(±0.01)
ITRF2008	0.1(±0.2)	−0.2(±0.2)	−0.5(±0.2)	0.05(±0.03)	0.00(±0.01)	0.00(±0.01)	0.00(±0.01)
SOL-2 到	2.2(±0.7)	−1.8(±0.8)	−0.9(±0.7)	−0.31(±0.13)	0.02(±0.03)	−0.10(±0.03)	0.09(±0.03)
ITRF2014	0.3(±0.7)	−0.1(±0.8)	−0.3(±0.7)	0.00(±0.13)	0.00(±0.03)	−0.01(±0.03)	0.01(±0.03)
SOL-1 到	−1.4(±0.1)	−0.7(±0.1)	−0.7(±0.1)	−0.16(±0.01)	−0.01(±0.00)	0.01(±0.00)	−0.03(±0.00)
SOL-2	−0.3(±0.1)	0.0 (±0.1)	0.2(±0.1)	−0.04(±0.01)	0.00(±0.00)	0.00(±0.00)	−0.01(±0.00)

类似于平移参数，SOL-1 到 DTRF2008 的尺度转换参数也小于其到

ITRF2008 的尺度转换参数，分别是 −0.19ppb 和 −0.77ppb，两者的速率均小于 0.1ppb/a。除了 SOL-2 相对于 ITRF2014 以外，其他两两参考架之间的旋转参数均小于 0.05mas，速率小于 0.02mas/a (何冰，2017)。

综合解 SOL-1 和 SOL-2 所实现的地球参考架基准的原点是由 SLR 技术确定的地球质心，尺度则是由 SLR 技术和 VLBI 技术加权平均来具体实现的。图 6.2 给出了作为 SLR 技术输入的周解相对于 SOL-2 综合解的平移参数时间序列，因为 SOL-2 的输入数据比 SOL-1 多 6 年。在 y 方向的平移参数时间序列中，并没有发现如 Altamimi 等 (2016) 关于 ITRF2014 的文章中提到的 2010 年左右发生的偏移。从 1993 年开始，SLR 技术有了对 Lageos-2 卫星的观测数据，显著地降低了平移参数时间序列的弥散度，使得参考架原点的精度能够达到毫米级，但是离亚毫米仍然有一定距离。利用余弦函数对图 6.2 中的时间序列以及 SOL-1 解得到的相同序列进行周年信号拟合，结果见表 6.3。

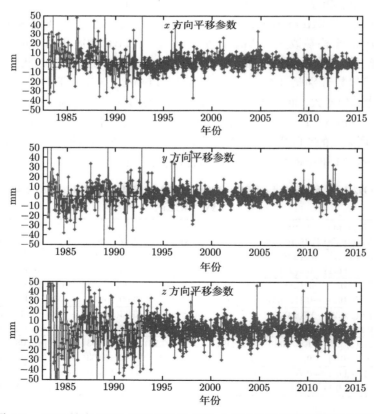

图 6.2　SLR 技术 TRF 周解相对于 SOL-2 综合解的平移参数时间序列

与 ITRF2008 和 ITRF2014 (Altamimi et al., 2011; Altamimi et al., 2016) 中的结果进行比较，在 x 和 y 方向上的平移参数的相位或者振幅与 ITRF 结果非常接近 (振幅差异小于 0.5mm，相位差异小于 8°)，但是在 z 方向上则较大，同表 6.2 中给出的结果相符 (何冰，2017)。

表 6.3 SLR 技术 TRF 周解相对于 SOL-1 和 SOL-2 综合解的平移参数时间序列的周年信号拟合结果

		T_x	T_y	T_z
SOL-1	振幅/mm	2.2 (±0.2)	3.3 (±0.2)	3.5 (±0.3)
	相位/(°)	44 (±5)	316 (±3)	8 (±5)
SOL-2	振幅/mm	2.2 (±0.2)	3.1 (±0.1)	3.4 (±0.3)
	相位/(°)	53 (±4)	315 (±2)	11 (±5)

图 6.3 给出了 SLR 技术地球参考架周解和 VLBI 技术地球参考架日解相对于 SOL-2 综合解的尺度因子的时间序列。与图 6.2 类似，SLR 技术的尺度因子精度在 1993 年之后有了显著提高，早期的 VLBI 解和最近的 VLBI 解中都反映出小幅度的线性趋势，SLR 和 VLBI 技术在尺度上的差异可以认为是由 SLR 技术的距离偏差 (Appleby et al., 2016) 和 VLBI 的天线重力形变 (Sart et al., 2009) 等引起的，具体机制还可进一步深入研究。

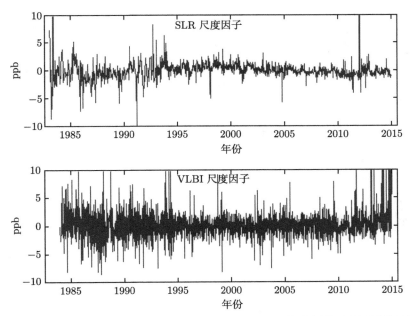

图 6.3 SLR 周解和 VLBI 24 小时观测日解相对于 SOL-2 综合解的尺度因子的时间序列

6.2　综合地球参考架的站坐标及速度结果分析

这里将 SOL-2 综合解中四种技术的站坐标和速度与 ITRF2014 的结果进行比较，给出了综合四种技术确定地球参考架下的全球站坐标和速度估值与 ITRF2014 在 J2005.0 时的较差统计结果，见图 6.4(a)~(d)。对于 GNSS、SLR、VLBI、SLR、VLBI 三种技术而言，大部分质量较好测站 (观测年限长，观测次数多) 与 ITRF2014 的坐标差优于 5mm，坐标速度较差值优于 1mm/a；而 DORIS 技术的坐标精度则略低。经比对发现，统计结果中一些坐标差较大的测站 (坐标差大于 50mm)，绝大多数存在观测十分稀少的情况，比如包含该站坐标的 SINEX 文件数量少于 20 个或者是该站的覆盖年份少于 3 年，在这种情况下，我们可以说该站的综合解是不

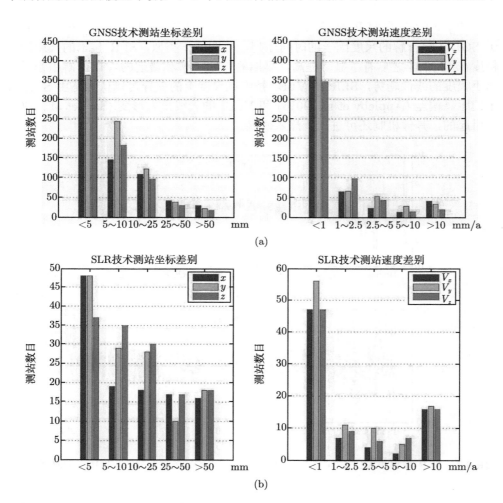

(a)

(b)

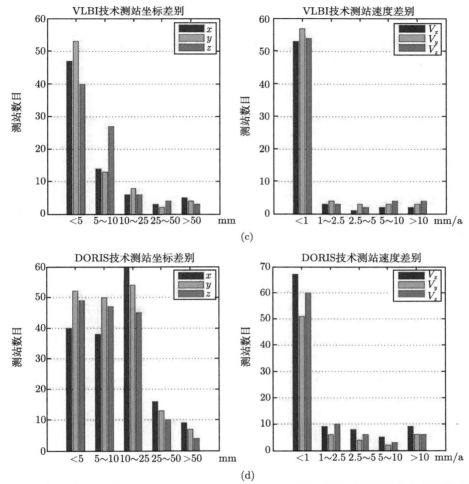

图 6.4 上海天文台利用 GNSS、SLR、VLBI、DORIS 四种技术确定的地球参考架综合解 SOL-2 中的站坐标和速度与 ITRF2014 的较差分布图

可靠的, 其综合结果的精度当然是差的。

图 6.5 和图 6.6 是 SOL-2 解在水平方向和高程方向的站坐标速度场, 图中只显示了形式精度优于 0.3mm/a 的测站。从速度场中反映出的板块运动整体情况与 ITRF 的结果相一致。

利用 SOL-1 解与 ITRF2008 之间的坐标转换参数 (表 6.2), 将 SOL-1 解中的测站坐标转换到 ITRF2008 的参考架下, 然后再计算每个测站坐标与 ITRF2008 比较的三维残差 RMS, 从而给出了如图 6.7 中所示的四种技术站坐标的三维残差与该测站参与的年平均周 (日) 解数之间的关系 (当发生非连续性跳变时, 跳变

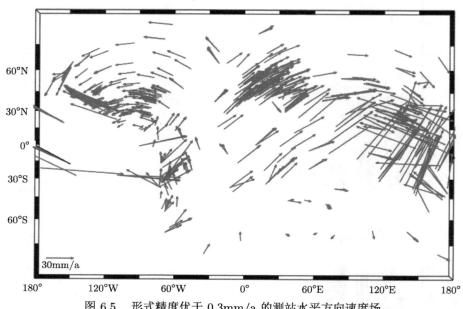

图 6.5　形式精度优于 0.3mm/a 的测站水平方向速度场

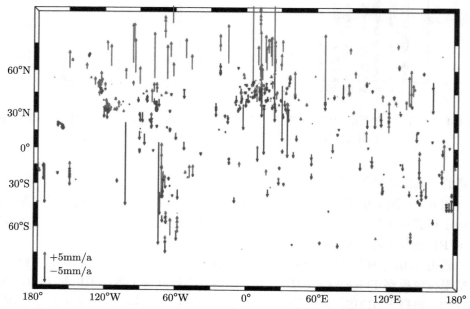

图 6.6　形式精度优于 0.3mm/a 的测站高程方向速度场 (彩图见封底二维码)

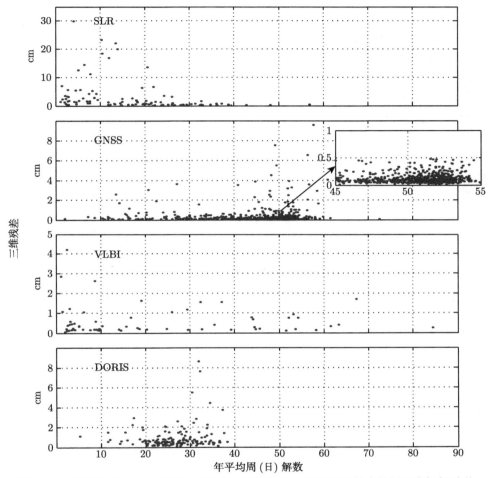

图 6.7   综合解 SOL-1 中 SLR、GNSS、VLBI、DORIS 四种技术的测站坐标相对于
ITRF2008 的三维残差与测站参与的年平均周 (日) 解数的关系

前后的站坐标当成两个不同的解来看待)。尽管 SLR 测站的站坐标残差与测站的
年均 SINEX 周解个数之间的关系并不是绝对的正相关，但是大部分年均 SINEX
周解数大于 20 个的测站，即该测站活跃的年份内每一年平均有半年有观测的测
站，其精度较高。而对并不满足以上结论的个别测站考察后，分析其原因可能是
该测站发生过跳变，而跳变前后的速度约束为相等时，很有可能同时影响了两个
解的精度，图中 VLBI 的测站情况与 SLR 相似。因此，在添加非连续性发生前后
测站坐标速度相等约束时，需要经过仔细的判断。另一个原因可能是发生跳变的
测站由于分段计算，其数据长度会比整体计算变短，结果也会差些。GNSS 测站
的年均参与 SINEX 周解数量大部分集中在 30~50，说明 GNSS 测站的发生观测

活动的稳定性要优于 SLR 技术和 VLBI 技术，但是，GNSS 测站发生跳变的频率和发生跳变的测站数量都要高于前两种技术，从而降低了 GNSS 测站的长期稳定性。DORIS 测站的年均 SINEX 周解数量也较为集中，但是其测站坐标解算精度要比其他技术差 (何冰，2017)。

采用前述四种技术多年的 SINEX 解作为输入数据，可以得到站坐标周解和综合解之间的残差时间序列，不仅可以有效探测和判断测站的野值、跳变和非连续性的发生，还可以分析各技术测站所具有的某些特性。特别值得注意的是，由于各技术的输入数据所提供的站坐标周 (日) 解的参考架与综合参考架不同，不能直接进行比较，从而给残差计算造成了一定的难度。本书所采用的方法是对周 (日) 解采用与综合参考架相同的基准定义进行约束，再经过七参数转换尽可能消除周 (日) 解和长期综合解之间的参考架差异后，再来计算测站残差。由于测站数量众多，选取了四个有代表性的测站残差时间序列如图 6.8 所示，它们分别是 7825 站 (SLR)、ALBH 站 (GNSS)、7242 站 (VLBI) 和 ADEA 站 (DORIS)。首先，各

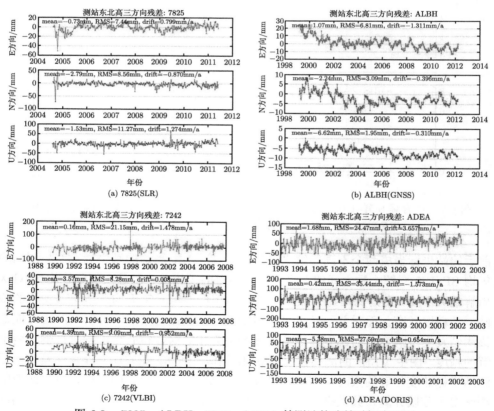

图 6.8　　7825、ALBH、7242、ADEA 等测站的残差时间序列图

站残差的 RMS 值比较反映出 DORIS 技术的测站残差较为离散，也反映了在综合地球参考架的实现中，DORIS 技术测站可以实现的精度会略低于其他三种技术。其次，GNSS 测站的残差序列表现出了最为明显的季节项，这是因为目前的地球参考架模型仅考虑测站的线性运动情况，测站的周期信号均被残差序列所吸收。测站的周期信号的可能原因有多种，如地表温度变化、大气潮汐效应、陆地水和海洋环流等地理现象 (Xu et al., 2017; Dong et al., 2002) 或者观测技术系统差 (Ray et al., 2008)。

6.3 线形地球参考架精度和稳定性问题

通过本章对综合地球参考架结果的精度和稳定性分析，包括与 ITRF2008 和 ITRF2014 之间转换参数、SLR 技术平移参数、SLR 和 VLBI 技术尺度因子、测站坐标及速度水平、高程方向速度场分析、测站坐标残差结果等综合分析，可以看出，线形地球参考架测站坐标精度基本可好于 5mm，速度精度好于 1mm/a，其原点和尺度因子也相对比较稳定，但是作为一切近地空间物质位置的基准，其精度和稳定性还有待进一步提高，其残差里还存在明显的周期性信号等，因此，还需要进一步精化，提高其精度和稳定性，满足更高精度用户需求，向 GGOS 未来空间基准 1mm 的目标而努力。

第 7 章 多种空间大地测量技术综合监测 EOP 结果分析

7.1 多种技术综合 EOP 解算结果

图 7.1 给出了综合解算时，SLR、GNSS、VLBI、DORIS 四种技术参与 EOP 综合解算的时间节点。其中，1997 年以后的极移由以上四种技术综合确定。DORIS 的输入文件也提供了 LOD 参数解，但有研究表明 DORIS 技术监测的 LOD 参数存在偏差，为了不影响综合解算的精度，没有将其加入；UT1–UTC 参数客观上仅由 VLBI 一种技术提供。表 7.1 给出了综合解 SOL-1 和 SOL-2 中分别包含的各 EOP 个数，可以看到，这些 EOP 的个数是十分庞大的，要把如此众多参数都放在一起解算，因此再一次说明了对大型法方程矩阵进行分块和并行解算的必要性 (何冰，2017)。

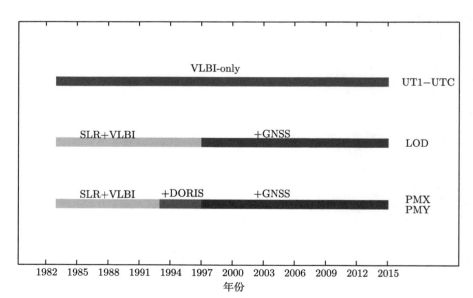

图 7.1 四种技术参与 EOP 综合解算的时间节点

表 7.1   EOP 综合参数个数统计

	极移 x 分量	极移 y 分量	日长 LOD	UT1−UTC
SOL-1	7581	7581	9434	2483
SOL-2	9773	9773	11948	2805

以 IERS 08 C04 序列作为 EOP 参考序列，可考察综合 EOP 解的外符精度。图 7.2 给出了 SOL-1 和 SOL-2 两个综合解中的 EOP 与 IERS 08 C04 序列的较差时间序列。通过比较可以看到，SOL-1 和 SOL-2 两个解高度符合，因为这两个解的区别本身只在于输入文件的截止时间不同，而解算软件和解算方法是一样的。其次，这两个解与 IERS 08 C04 之间都不存在明显的偏差或者漂移，尤其是在 1997 年 GNSS 技术参与解算以后，极移两分量及 LOD 的精度得到了大幅度提高。表 7.2 列出了两个综合解中的 EOP 综合解与 C04 比较的 WRMS 和 RMS。无论是 SOL-1 还是 SOL-2，其极移、LOD 或者 UT1−UTC 的 WRMS 都与 DTRF2008 (与 IERS 08 C04 较差 WRMS) 精度水平相当甚至略好。

为了研究多种技术综合对 EOP 结果的影响，这里进行了技术内的长期解分析，即对各技术内所有数据所建立的法方程系统，采用与多种技术综合相同的测站

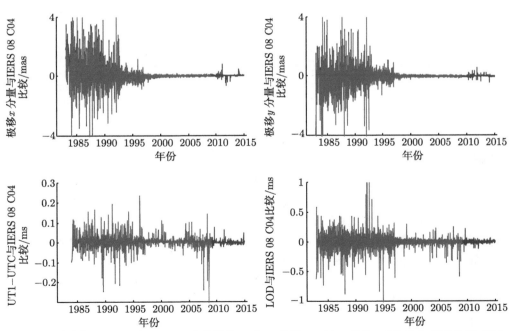

图 7.2   综合解 SOL-1 和 SOL-2 中的极移 x 和 y 分量、LOD、UT1−UTC 与 IERS 08 C04 的较差时间序列 (彩图见封底二维码)

表 7.2　综合解 SOL-1 和 SOL-2 中的 EOP 综合解与 IERS 08 C04 比较的外部精度

EOP	WRMS	
	SOL-1	SOL-2
极移 x 分量/mas	0.048	0.045
极移 y 分量/mas	0.057	0.048
UT1−UTC/ms	0.009	0.008
LOD/ms	0.017	0.011

线性模型和基准定义方法进行约束，求得技术内的站坐标长期解和与之对应的 EOP 时间序列。其结果与 IERS 08 C04 的对比 WRMS 统计结果如表 7.3，表中还给出了 DGFI 结果 (Seitz et al., 2012) 进行对比。

表 7.3　单技术长期解 EOP 结果与 IERS 08 C04 较差 WRMS 统计结果同 DGFI 的对比

EOP	观测技术	WRMS (DGFI)	WRMS (本书结果)
极移 x 分量/mas	GNSS	0.063	0.061
	VLBI	0.163	0.205
	SLR	0.205	0.291
	DORIS	0.234	0.850
极移 y 分量/mas	GNSS	0.055	0.071
	VLBI	0.232	0.184
	SLR	0.204	0.242
	DORIS	0.357	0.853
UT1−UTC/ms	VLBI	0.013	0.017
LOD/ms	VLBI	0.027	0.048
	GNSS	0.022	0.007
	SLR	—	0.042

如表 7.3 中所示，在数据完全一样的情况下，本书给出的结果与 DGFI 对 GNSS、VLBI、SLR 三种技术解算结果基本一致，而在 DORIS 技术上还有待进一步提高。首先，在多种技术综合中，极移 x 分量、y 分量的综合来自于四种技术的综合，综合结果的精度优于 SLR、VLBI、DORIS 三种技术的单技术结果精度，而低于 GNSS 技术的精度，可能在于 GNSS 技术在本书综合方案中所占的权重小于 IERS 08 C04 中 GNSS 技术的权重，因此其他三种技术对 EOP 综合结果的影响造成了 EOP 综合解较之 GNSS 单技术解相对于 IERS 08 C04 有稍大差异；其次，UT1−UTC 结果完全取决于 VLBI 技术，因此，综合后的 UT1−UTC 与 VLBI 单技术解的精度相当 (何冰，2017)。

图 7.3 和图 7.4 分别是 SLR、VLBI、GNSS、DORIS 四种技术的单技术地球参考架长期解下的极移 x 分量和 y 分量与 IERS EOP C04 作较差比较的时间序列。由图可看出 GNSS 极移精度要高于其他三种技术，这是 GNSS 确定极移参数上的显著优势。而 DORIS 技术的 EOP 精度最低，一方面是技术本身精度有

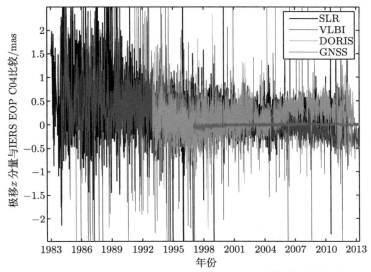

图 7.3 SLR、VLBI、GNSS、DORIS 四种单技术地球参考架长期解下的极移 x 分量与 IERS EOP C04 较差时间序列 (彩图见封底二维码)

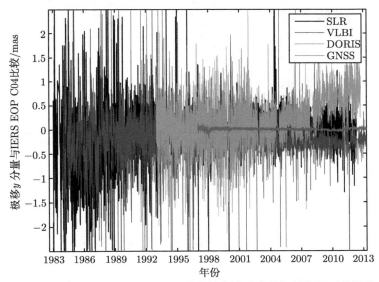

图 7.4 SLR、VLBI、GNSS、DORIS 四种单技术地球参考架长期解下的极移 y 分量与 IERS EOP C04 较差时间序列 (彩图见封底二维码)

限, 另一方面, DORIS 确定地球参考架长期解中, 参考架的定向是由一组 DORIS 核心站来实现的, 使 DORIS 地球参考架与 ITRF2008 之间的旋转参数在 J2005.0 及其线性速率等于 0。这种方法与多种技术地球参考架综合解是一样的, 但当把这种方法仅运用到单一技术时，由于核心站数量有限，对地球参考架的约束效果也有限，所以，地球参考架中的误差很容易传播到 EOP 中，造成偏差。这一点在多种技术综合中可以得到明显的改善，因为多种技术并置站的引入，使得利用众多 GNSS 核心站确定的地球参考架坐标轴定向效果能够影响和优化其他技术，提高其他技术的定向精度，从而也提高了综合极移参数的精度，从侧面证明了多种技术综合的另外一个优点 (何冰，2017)。

图 7.5 为 SLR、VLBI、GNSS 三种技术的单技术地球参考架长期解下的 LOD 参数与 IERS 08 C04 的较差时间序列。与极移类似，地球参考架长期解中的误差也易于传播到 LOD 参数中，在前面已讨论过这个问题，在此不再赘述。

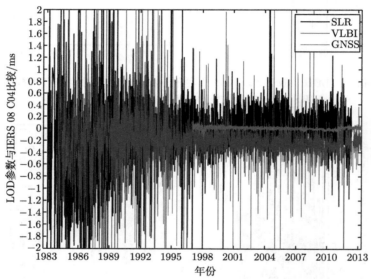

图 7.5　SLR、VLBI、GNSS 三种单技术地球参考架长期解下的 LOD 参数与 IERS 08 C04 较差时间序列 (彩图见封底二维码)

7.2　多种技术综合 EOP 结果插值概述

多种技术综合 EOP 与最终能够提供给大地测量等用户使用的 EOP 发布产品还存在着差距。其一，EOP 综合时间序列的采样间隔是不一致的。除了 VLBI 外，其他三种技术的每一个极移或 LOD 的综合结果与其相应输入参数的参考时刻和采样间隔是一样的，一般都是 MJD 时间系统的午时时刻，而 VLBI 的极移会从输入时刻转换到与其他三种技术相同的时刻，以达到综合的目的。而 1993 年之前，SLR 提供的极移参数是三天为采样间隔的，那么生成的极移综合序列在早期也无法达到一天采样间隔。LOD 的情况也是类似的。而 UT1 则更是如此，UT1–UTC 参数由 VLBI 一种技术提供，为了不因为参考时刻的转换而引入误差，采用 UT1–UTC 的输入与输出参考时刻相同的方式，因此，UT1 序列的间隔也是不均匀的。其二，IERS C04 提供的 EOP 产品参考时刻在 MJD 零时时刻，这与 EOP 综合结果的时间不同，也不方便用户使用，因此，需将 EOP 综合的结果转换到合适的参考时刻。对 EOP 综合时间序列在不损害精度的前提下进行插值处理，才能够得到最终以每天为间隔的、参考时刻在 MJD.0 的等间隔 EOP 时间序列，并提供 EOP 精度估计，最终才能生成合格的 EOP 产品 (何冰，2017)。

在综合多技术确定 EOP 时间序列中，极移参数序列相对来说间隔较为密集，通过试验，拉格朗日插值方法已足够满足对其插值的需求，因此，可采用拉格朗日插值法对极移进行插值，使其成为以天为间隔、参考时刻在每日 0 时的时间序列，拉格朗日插值方法文献众多，这里不再赘述。而对于 UT1–UTC，仅 VLBI 一种技术能够提供，通常是基于 24 小时观测解算 (Ray et al., 2005)，其采样间隔不仅不均匀，有时候还存在很多天的空白，拉格朗日插值法不再奏效，需寻求别的方法。尽管 LOD 序列的间隔密集，也可以直接用拉格朗日方法，但是考虑到 LOD 与 UT1 的一阶导数关系 (Senior et al., 2010)，这里采用了 Vondrák 等 (2000) 介绍的一种扩展平滑插值方法。

7.3 利用 LOD 序列对 UT1–UTC 序列进行加密的方法

经典 Vondrák 平滑法 (Vondrák, 1969, 1977) 可以针对非等间隔的、精度不一致的数据 (信号) 进行平滑去除其高频噪声，并同时兼顾信号的拟合和平滑两个度，因此早已经在天文学领域得到了广泛应用。比如，IERS 将该方法应用在 EOP 平滑上、在原子时平滑 (Guinot, 1988) 以及恒星天文学上 (Harmanec et al., 1978; Stefl et al., 1995)。但是，我们常常会遇到另外一种情况，即参数值和其一阶导数都有测量值，而且参数值的采样间隔常常大于其一阶导数，比如，VLBI 测量的 UT1 和 GNSS 测量的 LOD 就存在此种情况。如果将 UT1 时间序列和 LOD 时间序列分开来各自处理，则没能够充分利用两者之间的函数关系，会造成平滑后的 UT1 序列间隔不均匀且有过大的间隔，缺乏短期内的时间变化率；而 LOD 序列则可能存在长期的不稳定性，也就是说没能够充分利用到 UT1 序列和 LOD 序列各自的优势，它们是可以相互制约，合作共赢的。

针对这样一种情况，即参数值及其一阶导数都有各自的观测值序列，Vondrák 等 (2000) 提出了一种综合平滑法，同时平滑了 UT1 和 LOD 时间序列，生成的 UT1 时间序列能够高度拟合原 UT1 输入序列，生成的 LOD 序列也能高度拟合原序列，同时充分利用了 UT1 序列的长期稳定性和 LOD 序列的高采样率。

一般地，假设已知某参数 (如 UT1) 的观测值时间序列，称其为时间序列 1，其具体的函数解析式未知，同时又已知该参数的一阶导数的观测值时间序列 (如 LOD)，称其为时间序列 2。两个时间序列的观测时刻不相等，观测值之间的精度不一致但已用形式精度给定。同时假定两个序列的测定是相互独立的，同一序列内的观测值之间也是不相关的。如图 7.6 所示，图 (a) 表示的是序列 1 及其不确定度，图 (b) 为序列 2 及其不确定度，实线为平滑后的曲线，且满足一阶导数关系。

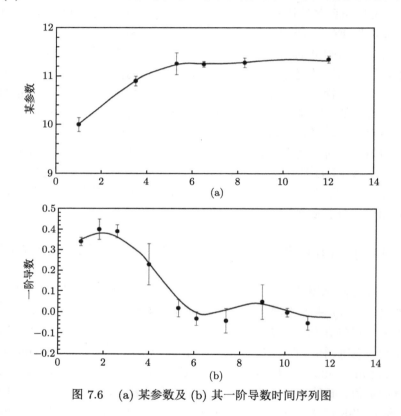

图 7.6　(a) 某参数及 (b) 其一阶导数时间序列图

该方法旨在最终生成一个唯一的时间序列，在原序列 1 和序列 2 包含的所有的观测时刻都有平滑后的参数值，保证参数值高度拟合序列 1 并且其一阶导数的数值高度拟合序列 2。这里，

已知序列 1：在自变量 (如 UT1–UTC 序列的参考时刻)x_j 具有函数值 y'_j 及权 $p_j, j = 1, 2, \cdots, n$；

已知序列 2：在自变量 $\bar{x}_k$ 具有序列 1 中应变量的一阶导数值 $\bar{y}'_k$ 及权 $\bar{p}_k$，$k = 1, 2, \cdots, \bar{n}$；

输出序列：在自变量 x_i 处的函数值 y_i，其中，x_i 包含了所有的 x_j 和 $\bar{x}_k$，

$i = 1, 2, \cdots, N, N \leqslant n + \bar{n}$。

为了进一步的公式推导，可以等价地假设序列 1 和序列 2 的自变量都是 N 个点的 x_i，只是当序列 1 在某 x_j 处缺乏函数值时，其权重为零，序列 2 同理。

首先定义以下三个变量。

(1) 平滑度 (与经典 Vandrák 平滑方法中的定义一样):

$$S = \frac{1}{x_N - x_1} \int_{x_1}^{x_2} \varphi'''^2(x) \mathrm{d}x \tag{7.1}$$

$\varphi(x)$ 的数学表达式未知，因此其三阶导数只能由平滑值 y 来近似表达。在两个点 $[x_{i+1}; y_{i+1}]$ 和 $[x_{i+2}; y_{i+2}]$ 之间的平滑曲线用一个三阶拉格朗日多项式来表达，即

$$L_i(x) = \sum_{k=0}^{3} \left(\prod_{\substack{j=0 \\ (j \neq k)}}^{3} \frac{(x - x_{i+j})}{[x_{i+k} - x_{i+j}]} \right) y_{i+k} \tag{7.2}$$

那么其三阶导数为

$$L_i'''(x) = \sum_{k=0}^{3} \left(6 \prod_{\substack{j=0 \\ (j \neq k)}}^{3} \frac{1}{(x_{i+k} - x_{i+j})} \right) y_{i+k} \tag{7.3}$$

因此，式 (7.1) 中的积分可以用以下求和关系式表达:

$$S = \frac{1}{(x_N - x_1)} \sum_{i=1}^{N-3} \int_{x_{i+1}}^{x_{j+2}} L_i'''^2(x) \mathrm{d}x = \sum_{i=1}^{N-3} (a_i y_i + b_i y_{i+1} + c_i y_{i+2} + d_i y_{i+3})^2 \tag{7.4}$$

其中，

$$a_i = \frac{6\sqrt{(x_{i+2} - x_{i+1})/(x_N - x_1)}}{(x_i - x_{i+1})(x_i - x_{i+2})(x_i - x_{i+3})}, b_i = \frac{6\sqrt{(x_{i+2} - x_{i+1})/(x_N - x_1)}}{(x_{i+1} - x_i)(x_{i+1} - x_{i+2})(x_{i+1} - x_{i+3})},$$

$$c_i = \frac{6\sqrt{(x_{i+2} - x_{i+1})/(x_N - x_1)}}{(x_{i+2} - x_i)(x_{i+2} - x_{i+1})(x_{i+2} - x_{i+3})}, d_i = \frac{6\sqrt{(x_{i+2} - x_{i+1})/(x_N - x_1)}}{(x_{i+3} - x_i)(x_{i+3} - x_{i+1})(x_{i+3} - x_{i+2})} \circ$$

(2) 序列 1 中变量的拟合度:

$$F = \frac{1}{n} \sum_{i=1}^{N} p_i (y_i' - y_i)^2 \tag{7.5}$$

(3) 序列 2 中变量的拟合度，即序列 1 变量的一阶导数观测值的拟合度:

$$\bar{F} = \frac{1}{n} \sum_{i=1}^{N} \bar{p}_i (\bar{y}_i' - \bar{y}_i)^2 \tag{7.6}$$

由上述定义平滑度 S 时使用的拉格朗日多项式 $L_i'(x)$ 的一阶导数，就可仅用相邻四点 $i, i+1, i+2, i+3$ 处的变量值来表达 $L_i'(x)$：

$$L_i'(x) = A_i(x) y_i + B_i(x) y_{i+1} + C_i(x) y_{i+2} + D_i(x) y_{i+3} \tag{7.7}$$

其中，

$$A_i(x) = \frac{\sum\limits_{\substack{l=0 \\ (l\neq 0)}}^{2} \sum\limits_{\substack{m=l+1 \\ (m\neq 0)}}^{3} (x - x_{i+1})(x - x_{i+m})}{(x_i - x_{i+1})(x_i - x_{i+2})(x_i - x_{i+3})}$$

$$B_i(x) = \frac{\sum\limits_{\substack{l=0 \\ (l\neq 1)}}^{2} \sum\limits_{\substack{m=l+1 \\ (m\neq 1)}}^{3} (x - x_{i+1})(x - x_{i+m})}{(x_{i+1} - x_i)(x_{i+1} - x_{i+2})(x_{i+1} - x_{i+3})}$$

$$C_i(x) = \frac{\sum\limits_{\substack{l=0 \\ (l\neq 2)}}^{2} \sum\limits_{\substack{m=l+1 \\ (m\neq 2)}}^{3} (x - x_{i+1})(x - x_{i+m})}{(x_{i+2} - x_i)(x_{i+2} - x_{i+1})(x_{i+2} - x_{i+3})}$$

$$D_i(x) = \frac{\sum\limits_{\substack{l=0 \\ (l\neq 3)}}^{2} \sum\limits_{\substack{m=l+1 \\ (m\neq 3)}}^{3} (x - x_{i+1})(x - x_{i+m})}{(x_{i+3} - x_i)(x_{i+3} - x_{i+1})(x_{i+3} - x_{i+2})}$$

为了用平滑函数值 y_i 来表达公式 (7.6) 中的一阶导数的平滑值 $\bar{y}_i$，在选择相邻四点时有一定的随意性。为了确保 $\bar{y}_i$ 确实在 y_i 的一阶导数平滑曲线上，$\bar{y}_i$ 需满足以下条件。

(1) $\bar{y}_i$ 用自变量 x_1, x_2, x_3 和 x_4 及这四点处的序列 1 变量的平滑值来计算：

$$\bar{y}_1 = \bar{a}_1 y_1 + \bar{b}_1 y_2 + \bar{c}_1 y_3 + \bar{d}_1 y_4 \tag{7.8}$$

其中，$\bar{a}_1 = A_1(x_1), \bar{b}_1 = B_1(x_1), \bar{c}_1 = C_1(x_1), \bar{d}_1 = D_1(x_1)$。

(2) 时间序列的前半段上的 $\bar{y}_i$，即 $i = 2, 3, \cdots, N/2$，用 $x_{i-1}, x_i, x_{i+1}, x_{i+2}$ 四点计算：

$$\bar{y}_i = \bar{a}_i y_{i-1} + \bar{b}_i y_i + \bar{c}_i y_{i+1} + \bar{d}_i y_{i+2} \tag{7.9}$$

其中，$\bar{a}_i = A_{i-1}(x_i), \bar{b}_i = B_{i-1}(x_i), \bar{c}_i = C_{i-1}(x_i), \bar{d}_i = D_{i-1}(x_i), \bar{b}_1 = B_1(x_1), \bar{c}_1 = C_1(x_1), \bar{d}_1 = D_1(x_1)$。

(3) 时间序列后半段的 $\bar{y}_i, i = N/2+1, N/2+2, \cdots, N-1$, 用 $x_{i-2}, x_{i-1}, x_i, x_{i+1}$ 四点计算:

$$\bar{y}_i = \bar{a}_i y_{i-2} + \bar{b}_i y_{i-1} + \bar{c}_i y_i + \bar{d}_i y_{i+1} \tag{7.10}$$

其中, $\bar{a}_i = A_{i-2}(x_i), \bar{b}_i = B_{i-2}(x_i), \bar{c}_i = C_{i-2}(x_i), \bar{d}_i = D_{i-2}(x_i)$。

(4) 用 $x_{N-3}, x_{N-2}, x_{N-1}, x_N$ 四点计算 $\bar{y}_N$:

$$\bar{y}_N = \bar{a}_N y_{N-3} + \bar{b}_N y_{N-2} + \bar{c}_N y_{N-1} + \bar{d}_N y_N \tag{7.11}$$

其中, $\bar{a}_N = A_{N-3}(x_N), \bar{b}_N = B_{N-3}(x_N), \bar{c}_N = C_{N-3}(x_N), \bar{d}_N = D_{N-3}(x_N)$。

最终, 公式 (7.6) 可以改写成

$$\begin{aligned}
\bar{F} = \frac{1}{n}\Bigg[& \bar{p}_1(\bar{y}_1' - \bar{a}_1 y_1 - \bar{b}_1 y_2 - \bar{c}_1 y_3 - \bar{d}_1 y_4)^2 \\
& + \sum_{i=2}^{N/2} \bar{p}_i(\bar{y}_i' - \bar{a}_i y_{i-1} - \bar{b}_i y_i - \bar{c}_i y_{i+1} - \bar{d}_i y_{i+2})^2 \\
& + \sum_{i=N/2+1}^{N-1} \bar{p}_i(\bar{y}_i' - \bar{a}_i y_{i-2} - \bar{b}_i y_{i-1} - \bar{c}_i y_i - \bar{d}_i y_{i+1})^2 \\
& + \bar{p}_N(\bar{y}_N' - \bar{a}_N y_{N-3} - \bar{b}_N y_{N-2} - \bar{c}_N y_{N-1} - \bar{d}_N y_N)^2 \Bigg]
\end{aligned} \tag{7.12}$$

然后需寻求一组变量及其一阶导数的平滑结果, 以期满足以下三个条件的一个均衡考量:

条件 1: 绝对平滑, 即平滑度 $S \to \min$;

条件 2: 序列 1 变量的绝对拟合, 即 $F \to \min$;

条件 3: 序列 2 变量 (序列 1 变量的一阶导数) 的绝对拟合, 即 $\bar{F} \to \min$。

最终的平滑条件, 即是将以上三个条件综合在一起, 可得

$$Q = S + \varepsilon F + \bar{\varepsilon} \bar{F} = \min \tag{7.13}$$

$$\Rightarrow \frac{\partial Q}{\partial y_i} = 0, \quad i = 1, 2, \cdots, N, \quad \varepsilon \geqslant 0, \quad \bar{\varepsilon} \geqslant 0 \tag{7.14}$$

系数 ε 和 $\bar{\varepsilon}$ 大小的选择决定了最终解算的结果是更趋向于满足以上三个条件中的哪一个或哪两个, 这与经典的 Vondrák 平滑法的理念是相似的。为了求解满足方程 (7.13) 的函数值和一阶导数值, 首先要用待求的函数值和一阶导数值来表

达 $\bar{F}$, S 和 F 相对于函数值的一阶导数为

$$\frac{\partial S}{\partial y_i} = 2(a_i\Delta_i + b_{i-1}\Delta_{i-1} + c_{i-2}\Delta_{i-2} + d_{i-3}\Delta_{i-3}) \tag{7.15}$$

其中, $\Delta_i = a_iy_i + b_iy_{i+1} + c_iy_{i+2} + d_iy_{i+3}$, 且当 $i \leqslant 0$ 或者 $i \geqslant N-2$ 时, $a_i = b_i = c_i = d_i = 0$。

$$\frac{\partial F}{\partial y_i} = \frac{2p_i(y_i - y'_i)}{n} \tag{7.16}$$

这里, $\bar{F}$ 的一阶导数公式最为复杂, 因为公式 (7.8)~ 公式 (7.11) 对不同位置用了不同的四点 y_i 来表达 $\bar{y}_i$。为了使后续公式看起来简洁, 在接下来的公式中不把公式表达成关于 y_i 的解析表达, 而是关于 $\bar{y}_i$, 而两者之间的关系由公式 (7.8)~ 公式 (7.11) 代入即可。

从 $i = 1$ 一直到 $i = N$, $\dfrac{\partial \bar{F}}{\partial y_i}$ 的表达式无法用一个统一的公式来表达, 针对不同的 i 只能分开表达:

当 $i = 1$ 时,

$$\frac{\partial \bar{F}}{\partial y_1} = \frac{2}{n}\left[\bar{p}_1\bar{a}_1(\bar{y}_1 - \bar{y}'_1) + \bar{p}_2\bar{a}_2(\bar{y}_2 - \bar{y}'_2)\right] \tag{7.17}$$

当 $i = 2$ 时,

$$\frac{\partial \bar{F}}{\partial y_2} = \frac{2}{n}\left[\bar{p}_1\bar{b}_1(\bar{y}_1 - \bar{y}'_1) + \bar{p}_2\bar{b}_2(\bar{y}_2 - \bar{y}'_2) + \bar{p}_3\bar{b}_3(\bar{y}_3 - \bar{y}'_3)\right] \tag{7.18}$$

当 $i = 3$ 时,

$$\frac{\partial \bar{F}}{\partial y_3} = \frac{2}{n}\left[\bar{p}_1\bar{c}_1(\bar{y}_1 - \bar{y}'_1) + \bar{p}_2\bar{c}_2(\bar{y}_2 - \bar{y}'_2) + \bar{p}_3\bar{b}_3(\bar{y}_3 - \bar{y}'_3) + \bar{p}_4\bar{a}_4(\bar{y}_4 - \bar{y}'_4)\right] \tag{7.19}$$

当 $i = 4$ 时,

$$\begin{aligned}\frac{\partial \bar{F}}{\partial y_4} = \frac{2}{n}[&\bar{p}_1\bar{d}_1(\bar{y}_1 - \bar{y}'_1) + \bar{p}_2\bar{d}_2(\bar{y}_2 - \bar{y}'_2) + \bar{p}_3\bar{c}_3(\bar{y}_3 - \bar{y}'_3)\\ &+ \bar{p}_4\bar{d}_4(\bar{y}_4 - \bar{y}'_4) + \bar{p}_5\bar{d}_5(\bar{y}_5 - \bar{y}'_5)]\end{aligned} \tag{7.20}$$

对于 $i = 5, 6, \cdots, N/2 - 2$,

$$\frac{\partial \bar{F}}{\partial y_i} = \frac{2}{n}[\bar{p}_{i-2}\bar{d}_{i-2}(\bar{y}_{i-2} - \bar{y}'_{i-2}) + \bar{p}_{i-1}\bar{c}_{i-1}(\bar{y}_{i-1} - \bar{y}'_{i-1}) + \bar{p}_i\bar{b}_i(\bar{y}_i - \bar{y}'_i)$$

$$+ \bar{p}_{i+1}\bar{a}_{i+1}(\bar{y}_{i+1} - \bar{y}'_{i+1})] \tag{7.21}$$

接下来,

$$\frac{\partial \bar{F}}{\partial y_{\frac{N}{2}-1}} = \frac{2}{n}\Big[\bar{p}_{\frac{N}{2}} - 3\bar{d}_{\frac{N}{2}-3}\left(\bar{y}_{\frac{N}{2}-3} - \bar{y}'_{\frac{N}{2}-3}\right) + \bar{p}_{\frac{N}{2}} - 2\bar{c}_{\frac{N}{2}} - 2\left(\bar{y}_{\frac{N}{2}-2} - \bar{y}'_{\frac{N}{2}-2}\right)$$

$$+ \bar{p}_{\frac{N}{2}-1}\bar{b}_{\frac{N}{2}-1}\left(\bar{y}_{\frac{N}{2}-1} - \bar{y}'_{\frac{N}{2}-1}\right) + \bar{p}_{\frac{N}{2}}\bar{a}_{\frac{N}{2}}\left(\bar{y}_{\frac{N}{2}} - \bar{y}'_{\frac{N}{2}}\right)$$

$$+ \bar{p}_{\frac{N}{2}+1}\bar{a}_{\frac{N}{2}+1}\left(\bar{y}_{\frac{N}{2}+1} - \bar{y}'_{\frac{N}{2}+1}\right)\Big] \tag{7.22}$$

$$\frac{\partial \bar{F}}{\partial y_{\frac{N}{2}}} = \frac{2}{n}\Big[\bar{p}_{\frac{N}{2}} - 2\bar{d}_{\frac{N}{2}} - 2\left(\bar{y}_{\frac{N}{2}-2} - \bar{y}'_{\frac{N}{2}-2}\right) + \bar{p}_{\frac{N}{2}-1}\bar{c}_{\frac{N}{2}-1}\left(\bar{y}_{\frac{N}{2}-1} - \bar{y}'_{\frac{N}{2}-1}\right)$$

$$+ \bar{p}_{\frac{N}{2}}\bar{b}_{\frac{N}{2}}\left(\bar{y}_{\frac{N}{2}} - \bar{y}'_{\frac{N}{2}}\right) + \bar{p}_{\frac{N}{2}+1}\bar{b}_{\frac{N}{2}+1}\left(\bar{y}_{\frac{N}{2}+1} - \bar{y}'_{\frac{N}{2}+1}\right)$$

$$+ \bar{p}_{\frac{N}{2}+2}\bar{a}_{\frac{N}{2}+2}\left(\bar{y}_{\frac{N}{2}+2} - \bar{y}'_{\frac{N}{2}+2}\right)\Big] \tag{7.23}$$

$$\frac{\partial \bar{F}}{\partial y_{\frac{N}{2}+1}} = \frac{2}{n}\Big[\bar{p}_{\frac{N}{2}-1}\bar{d}_{\frac{N}{2}-1}\left(\bar{y}_{\frac{N}{2}-1} - \bar{y}'_{\frac{N}{2}-1}\right) + \bar{p}_{\frac{N}{2}}\bar{c}_{\frac{N}{2}}\left(\bar{y}_{\frac{N}{2}} - \bar{y}'_{\frac{N}{2}}\right)$$

$$+ \bar{p}_{\frac{N}{2}+1}\bar{c}_{\frac{N}{2}+1}\left(\bar{y}_{\frac{N}{2}+1} - \bar{y}'_{\frac{N}{2}+1}\right) + \bar{p}_{\frac{N}{2}+2}\bar{b}_{\frac{N}{2}+2}\left(\bar{y}_{\frac{N}{2}+2} - \bar{y}'_{\frac{N}{2}+2}\right)$$

$$+ \bar{p}_{\frac{N}{2}+3}\bar{a}_{\frac{N}{2}+3}\left(\bar{y}_{\frac{N}{2}+3} - \bar{y}'_{\frac{N}{2}+3}\right)\Big] \tag{7.24}$$

$$\frac{\partial \bar{F}}{\partial y_{\frac{N}{2}+2}} = \frac{2}{n}\Big[\bar{p}_{\frac{N}{2}}\bar{d}_{\frac{N}{2}}\left(\bar{y}_{\frac{N}{2}} - \bar{y}'_{\frac{N}{2}}\right) + \bar{p}_{\frac{N}{2}+1}\bar{d}_{\frac{N}{2}+1}\left(\bar{y}_{\frac{N}{2}+1} - \bar{y}'_{\frac{N}{2}+1}\right)$$

$$+ \bar{p}_{\frac{N}{2}+2}\bar{c}_{\frac{N}{2}+2}\left(\bar{y}_{\frac{N}{2}+2} - \bar{y}'_{\frac{N}{2}+2}\right) + \bar{p}_{\frac{N}{2}+3}\bar{b}_{\frac{N}{2}+3}\left(\bar{y}_{\frac{N}{2}+3} - \bar{y}'_{\frac{N}{2}+3}\right)$$

$$+ \bar{p}_{\frac{N}{2}+4}\bar{a}_{\frac{N}{2}+4}\left(\bar{y}_{\frac{N}{2}+4} - \bar{y}'_{\frac{N}{2}+4}\right)\Big] \tag{7.25}$$

对于 $i = N/2 + 3, N/2 + 4, \cdots, N - 4$,

$$\frac{\partial \bar{F}}{\partial y_i} = \frac{2}{n}\Big[\bar{p}_{i-1}\bar{d}_{i-1}\left(\bar{y}_{i-1} - \bar{y}'_{i-1}\right) + \bar{p}_i\bar{c}_i\left(\bar{y}_i - \bar{y}'_i\right)$$

$$+ \bar{p}_{i+1}\bar{b}_{i+1}\left(\bar{y}_{i+1} - \bar{y}'_{i+1}\right) + \bar{p}_{i+2}\bar{a}_{i+2}\left(\bar{y}_{i+2} - \bar{y}'_{i+2}\right)\Big] \tag{7.26}$$

最后,

$$\frac{\partial \bar{F}}{\partial y_{N-3}} = \frac{2}{n} \Big[\bar{p}_{N-4} \bar{d}_{N-4} \left(\bar{y}_{N-4} - \bar{y}'_{N-4} \right) + \bar{p}_{N-3} \bar{c}_{N-3} \left(\bar{y}_{N-3} - \bar{y}'_{N-3} \right)$$

$$+ \bar{p}_{N-2} \bar{b}_{N-2} \left(\bar{y}_{N-2} - \bar{y}'_{N-2} \right) + \bar{p}_{N-1} \bar{a}_{N-1} \left(\bar{y}_{N-1} - \bar{y}'_{N-1} \right)$$

$$+ \bar{p}_N \bar{a}_N \left(\bar{y}_N - \bar{y}'_N \right) \Big] \tag{7.27}$$

$$\frac{\partial \bar{F}}{\partial y_{N-2}} = \frac{2}{n} \Big[\bar{p}_{N-3} \bar{d}_{N-3} \left(\bar{y}_{N-3} - \bar{y}'_{N-3} \right) + \bar{p}_{N-2} \bar{c}_{N-2} \left(\bar{y}_{N-2} - \bar{y}'_{N-2} \right)$$

$$+ \bar{p}_{N-1} \bar{b}_{N-1} \left(\bar{y}_{N-1} - \bar{y}'_{N-1} \right) + \bar{p}_N \bar{b}_N \left(\bar{y}_N - \bar{y}'_N \right) \Big] \tag{7.28}$$

$$\frac{\partial \bar{F}}{\partial y_{N-1}} = \frac{2}{n} \Big[\bar{d}_{N-2} \bar{c}_{N-2} \left(\bar{y}_{N-2} - \bar{y}'_{N-2} \right) + \bar{p}_{N-1} \bar{c}_{N-1} \left(\bar{y}_{N-1} - \bar{y}'_{N-1} \right)$$

$$+ \bar{p}_N \bar{b}_N \left(\bar{y}_N - \bar{y}'_N \right) \Big] \tag{7.29}$$

$$\frac{\partial \bar{F}}{\partial y_N} = \frac{2}{n} \left[\bar{p}_{N-1} \bar{d}_{N-1} \left(\bar{y}_{N-1} - \bar{y}'_{N-1} \right) + \bar{p}_N \bar{d}_N \left(\bar{y}_N - \bar{y}'_N \right) \right] \tag{7.30}$$

由公式 (7.17)~ 公式 (7.30) 代入公式 (7.14) 中,即得到了求解输出序列的大型稀疏方程组。具体解算技巧,可以参考 Vondrák 等 (2000) 的相关介绍。

7.4　综合 EOP 的插值结果及精度评估

利用拉格朗日插值法对极移 x 分量和 y 分量进行了插值,生成以天为间隔的等间隔极移产品。图 7.7 和图 7.8 分别给出了极移 x 分量和 y 分量的等间隔时间序列与 IERS EOP 08 C04 产品的较差序列以及标准差 (形式精度) 序列。在早期由于 EOP 综合结果的时间间隔不均匀且有些间隔较大,所以插值效果不理想,出现了形式精度较大的情况。但是在 1993 年以后,随着数据加密,形式精度数值较为稳定,直至 1997 年 GNSS 数据引入以后,EOP 产品的外符精度和形式精度均得到大幅提高。经统计,整个时间序列上的极移 x 和 y 分量序列与 C04 的较差的 WRMS 分别为 0.045mas 和 0.053mas (何冰,2017)。

除了极移直接用拉格朗日插值法以外,对综合 UT1−UTC 和 LOD 采用了 7.3 节中叙述的联合 Vondrák 平滑法进行加密,然后再利用拉格朗日插值法,得到了以天为间隔的等间隔产品。图 7.9 和图 7.10 分别为 UT1−UTC 和 LOD 等间隔时间序列与 EOP 08 C04 较差序列,以及插值过程中得到的参数标准差 (形式精度) 序列。与直接综合的产品相比,UT1−UTC 插值后的产品精度略微有所降低,为 0.023ms,LOD 的精度则未受影响,这可能主要因为部分 UT1−UTC 参考时间间隔过长,加密和插值效果不理想引起的。对于近期数据,如 2012 年后,

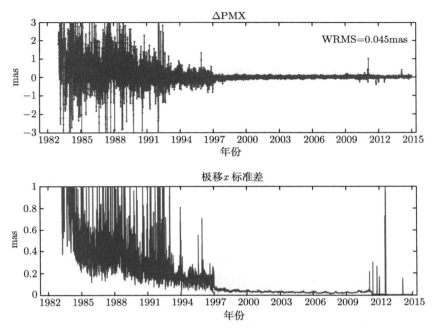

图 7.7　等间隔的极移 x 分量综合解标准产品与 IERS EOP 08 C04 较差序列及标准差序列

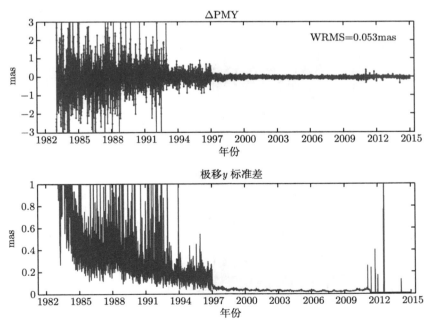

图 7.8　等间隔的极移 y 分量综合解标准产品与 IERS EOP 08 C04 较差序列及标准差序列

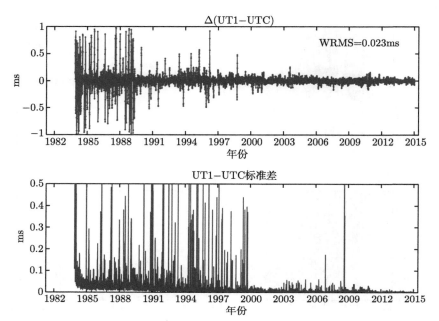

图 7.9　等间隔的 UT1−UTC 综合解标准产品与 EOP 08 C04 较差序列及标准差序列

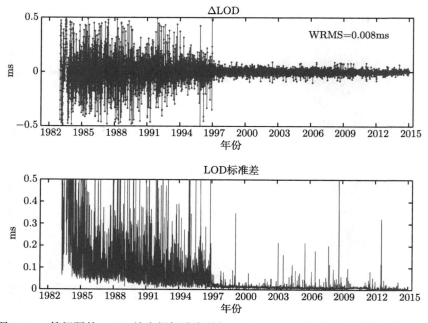

图 7.10　等间隔的 LOD 综合解标准产品与 EOP 08 C04 较差序列及标准差序列

UT1−UTC 的精度则没有明显的降低。对于 1997 年以前的数据,由于没有 GNSS 观测数据,LOD 确定精度较差,所以加密后的等间隔序列在 1997 年以前的精度也明显低于 GNSS 数据加入以后。

7.5 EOP 确定与服务

通过本章对四种技术综合 EOP 结果的精度分析,对非等间隔的 EOP 综合结果进行了合理插值,生成了等间隔的 EOP 时间序列,获得了完整的中国 EOP 综合产品,并进行了精度评估,可提供我国独立自主的与国际精度相当的 EOP 服务。尤其是充分利用 UT1 与 LOD 的一阶导数关系,利用多技术综合较为密集的 LOD 序列,对 VLBI 技术解算的 UT1−UTC 序列进行了加密,保证了等间隔 UT1−UTC 序列的精度水平。

第 8 章 野值和未标注跳变探测及其对地球参考架和 EOP 影响

经检查，在地球参考架测站坐标残差数据中仍存在一些较大的未被标注的跳变，这会引起该测站坐标和速度因未标注的跳变而估计有误。为此，经研究，发现可利用广义离群检测算法 (generalized extreme studentized deviate, GESD) 的粗差和野值探测，以及基于 t-检验序贯格局转换分析法 (the sequential-test analysis of regime shift, STARS) 跳变探测方法，更好地剔除野值和标志出未被标注的跳变。由于测站坐标时间变化序列的复杂性，跳变检测的误报率和漏检时有发生，为此，可采用与 STARS 方法相结合的差值法和人眼观察法综合检测跳变，然后基于上海天文台建立的中国地球自转与地球参考系服务 (CERS) 地球参考架 STRF(SHAO TRF) 和地球定向参数 (EOP) 确定软件包，重新进行地球参考架的建立和维持，消除其对地球参考架的不利影响。结果表明，重新解算的测站坐标残差明显减小，对测站非连续性也有了很好修复，不仅提高了地球参考架的精度和稳定性，而且有助于后续周期性信号的拟合和提取 (李秋霞，2020)。

8.1 粗差探测算法——GESD 方法原理介绍

由于观测环境变化、多路径效应、测站相关的误差 (如电磁干扰) 以及轨道异常等因素的影响，四种空间大地测量技术 (GNSS、SLR、VLBI、DORIS) 坐标时间序列中不可避免地含有粗差。因此对坐标时间序列进一步分析应用前须进行粗差剔除预处理。目前应用较多的粗差探测方法主要有两种，一是采用 3 倍四分位距 (inter quartile range, IQR) 准则；二是采用 "3σ" 准则。由于 IQR 统计量既对粗差不敏感也不适合对具有周期性趋势的时间序列进行粗差探测 (Jiang et al., 2015)，而 "3σ" 准则又不够稳健，所以这里选用另一种识别和剔除粗差的方法，即 GESD 算法，它基于 t-检验统计量，粗差探测效果要优于前面两者。

GESD 算法是由 Rosner 提出并应用于探测与剔除粗差，该方法检验服从近似正态分布的一个单变量数据集中的一个或多个粗差，是通过 t-分布的变换来近似分布的，并且仅要求给定时间序列中离群值个数的上限 (Rosner, 1983; Rodionov, 2004; 张恒璟等, 2011; Privantini, 2016)。下面简单介绍 GESD 算法，并将其应用到 SLR、LBI、DORIS 三种空间技术坐标时间序列的粗差探测中。假设 SLR

坐标时间序列某一分量 $X = \{x_1, x_2, \cdots, x_n\}$，且数据遵循近似正态分析，设其为 $X \sim N(\mu, \sigma^2)$。给定上限 r（一般取 $r = n/2$），GESD 测试执行 r 个单独的离群值判断。首先计算测试统计量 R_i，依次寻找 $x_i - \mu(x)$ 中最大值 R_i，这样会得出"r"个测试统计信息 $R_1, R_2, \cdots, R_r$。然后，与"r"测试统计信息相对应，计算得到临界值 λ_i，重复该步骤得到临界值 $\lambda_1, \lambda_2, \cdots, \lambda_r$。进行假设检验，H0：不属于离群值；H1：属于离群值。λ_i 值相当于检测中的拒绝阈值，若测试统计量 R_i 满足 $R_i > \lambda_i$，则拒绝原假设 H0，x_i 属于离群值；否则 λ_i 不属于离群值。

$$R_i = \frac{\max |x_i - \mu(x)|}{\sigma(x)} \sim \lambda_i \tag{8.1}$$

$$\lambda_i = \frac{(n - i) \times t_{n-i-1,p}}{\sqrt{(n - i - 1 + t_{n-i-1,p}^2) \times (n - i + 1)}} \tag{8.2}$$

$$p = 1 - \frac{\alpha}{2 \times (n - i - 1)} \tag{8.3}$$

其中，R_i 为测试统计量，$i = 1, 2, \cdots, r$；λ_i 为判断临界值；$\mu(x)$ 和 $\sigma(x)$ 分别是时间序列样本均值和样本标准差；$t_{n-i-1,p}$ 是自由度为 $n - i - 1$，概率水平为 p 的 t-分布值；α 是显著性水平。

8.2 跳变探测算法——STARS 方法原理介绍

STARS 算法最早由 Rodionov 提出并用于气候格局转换探测中，其理论基础是数理统计中的 t-检验理论 (Rodionov, 2004)。下面介绍该算法，并将其引入四种空间大地测量技术 (GNSS、SLR、VLBI、DORIS) 的坐标时间序列跳变探测中。

以 GNSS 技术为例，设 GNSS 坐标时间序列某一分量 $X = \{x_1, x_2, \cdots, x_n\}$。在 STARS 算法中，若某一历元 c 时刻发生中断，则认为历元 c 前后的序列趋势发生变化，也即样本均值发生改变，而样本方差不变。计算其前后样本均值的差异，在给定的显著性水平下，利用 t-检验理论就可以判断在历元 c 时刻是否发生中断 (明锋, 2018)。其中涉及的主要步骤如下所述。

步骤 1：设置截止长度 l 和显著性水平 p，其中 l 为滑动探测窗口长度，其对中断探测的影响参见文献 (Rodionov, 2004; 明锋, 2018)。

步骤 2：设坐标时间序列中历元 j 前后两个长度为 l 的序列均值分别为 $\bar{x}_{R1}$ 和 $\bar{x}_{R2}$，确定历元 j 前后的数据段均值 $\bar{x}_{R1}$ 和 $\bar{x}_{R2}$ 的差异水平 diff，构造如下统计量 T：

$$T = \frac{\text{diff}}{\sqrt{\dfrac{2\sigma_l^2}{l}}} \sim t(2l - 2) \tag{8.4}$$

$$\bar{x}_{R2} \in (\bar{x}_{R1} - \mathrm{diff}, \bar{x}_{R1} + \mathrm{diff}) \tag{8.5}$$

式中，t 是在给定的显著性水平 p 下具有 $2l - 2$ 自由度的 t-分布值；σ_l^2 为 GNSS 坐标时间序列中长度为 l 的修正样本方差。利用统计量 T 进行假设检验，H0：j 时刻发生跳变；H1：j 时刻没有发生跳变。若历元 j 之后长度为 l 的序列均值 $\bar{x}_{R2}$ 满足式 (8.5)，则 $j = j + 1$，循环执行步骤 2；否则，坐标时间序列 j 历元处很有可能发生跳变，进入下一步判断执行步骤 3。

步骤 3: 中断发生指标 (regime shift index，RSI)。

$$\mathrm{RSI}_{i,j} = \sum_{i=j}^{j+m} \frac{x_i^*}{(l\sigma_l)} \tag{8.6}$$

式中，x_i^* 为正则化偏差，$i = j$，$m = 0, 1, \cdots, l - 1$。若 RSI < 0，表明坐标时间序列 j 时刻没有中断发生，RSI 重置为 0，$j = j + 1$，回到步骤 2 继续向后检测；若 RSI > 0，表明坐标时间序列 j 时刻在显着性水平 p 下发生跳变。重复上述过程即可完成对所有时间序列的检验 (Rodionov, 2004)。

由于站点的坐标时间序列的复杂性，跳变检测的误报率也可能发生，为了防止 STARS 算法的漏判和误判，本书结合了另外两种方法进行坐标时间序列的跳变探测和检查，即二次差值法和人工视检法。其中二次差值法是基于数学统计中的均值和标准差理论，通过寻找做差值后时间序列中的异常值来探测原始时间序列中的跳变，同样此方法进行之前需要基于 GESD 算法识别和剔除粗差。下面介绍该方法，并将其作为 STARS 算法的一种辅助方法引入四种技术坐标时间序列的跳变检测中。

以 GNSS 技术为例，设 GNSS 坐标时间序列某一分量 $X = \{x_1, x_2, \cdots, x_n\}$，其标准差为 σ。假设历元 j 发生跳变，首先，对初始时间序列 X 依次做差值，得到新的时间序列 X^1，此时 X^1 中历元 $j - 1$ 处数据会出现异常值。其次，对时间序列 X^1 再次做差值，得到新的时间序列 X^2，此时 X^2 中历元 $j - 2$ 与 $j - 1$ 处数据会出现相邻的两个异常值。然后，通过判断 X^2 时间序列中的数据特征，即若满足式 (8.9) 则认为 j 处可能存在上升趋势跳变。

$$X = \{x_1, x_2, \cdots, x_n\} \tag{8.7}$$

$$X^1 = \left\{x_1^1, x_2^1, \cdots, x_{n-1}^1\right\}$$

$$X^2 = \left\{x_1^2, x_2^2, \cdots, x_{n-2}^2\right\} \tag{8.8}$$

式中，$x_1^1 = x_2 - x_1, x_2^1 = x_3 - x_2, \cdots, x_{n-1}^1 = x_n - x_{n-1}$ 为时间序列 X 前后数值做差；$x_1^2 = x_2^1 - x_1^1, x_2^2 = x_3^1 - x_2^1, \cdots, x_{n-2}^2 = x_{n-1}^1 - x_{n-2}^1$ 为时间序列 X^1 前

后数值做差。

$$x_{j-2}^2 > 5\sigma$$
$$x_{j-1}^2 < -5\sigma$$

(8.9)

式中，$j = 0, 1, \cdots, n$；σ 为序列 X 的标准差。

由于人工视检法识别判断跳变准确率高，所以，还将 STARS 算法和二次差值法探测出的结果与人工视检法结合作出最终判断，将识别出的未标注跳变信息应用到 STRF 地球参考架解算中，消除其对地球参考架及相应 EOP 的影响。

8.3 未标注跳变的探测测试

首先考虑坐标时间序列中粗差的影响，故在跳变探测前，基于广义离群检测算法这一准则识别并剔除粗差；然后利用 STARS 算法、二次差值法以及结合人工视检法探测和确定时间序列中存在的未标注跳变。为证实 GESD 算法的准确与可靠性，直观显示粗差识别以及剔除结果，这里选择 SLR 技术 7124 测站 N 方向坐标残差时间序列来进行粗差探测结果分析。其中 7124 测站共有 745 个历元的数据，通过 GESD 算法分析发现 15 个粗差值，判断结果见表 8.1。同时将探测出的粗差在时间序列中标记出来，结果如图 8.1 所示 (李秋霞等，2021)。

表 8.1 基于 t-分布的时间序列粗差识别结果

序号标注	$t_{v,p}$	$R_i(i = 1, 2, \cdots)$	$\lambda_i(i = 1, 2, \cdots)$	Epoch/MJD	相差数值大小/m
1	4.7327005852393489	23.074707	4.6629424	2016.125	0.26111
2	4.7290287573139693	7.4543886	4.6592464	2013.736	0.16338
3	4.7316540459427552	5.9529037	4.6615725	2004.440	−0.12964
4	4.7279955267207301	5.8492742	4.6578884	2004.459	−0.12431
5	4.7306015390181662	5.4933324	4.6601934	2016.199	−0.11411
6	4.7269562972842456	5.4197283	4.6565208	2002.889	−0.11025
7	4.7295429958446533	5.3611946	4.6588049	2003.579	−0.10685
8	4.7259109997238733	5.3264642	4.6551442	2016.051	−0.10404
9	4.7284783464219426	5.1728430	4.6574073	1997.886	0.09612
10	4.7248595634201775	5.2089605	4.6537576	2012.201	0.09493
11	4.7274075196166505	4.8436742	4.6559997	2016.234	−0.08990
12	4.7238019167836036	4.8851676	4.6523619	1998.596	−0.08916
13	4.7263304430725031	4.6859083	4.6545830	2002.179	0.08114
14	4.7227379868552601	4.7236872	4.6509562	1998.826	0.08049
15	4.7252470432027538	4.7840395	4.6531558	2016.201	−0.08366

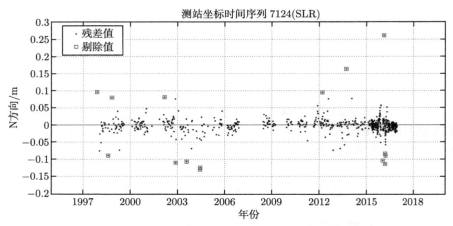

图 8.1　测站 7124(SLR) 坐标时间序列粗差探测结果

　　经过粗差剔除，利用 STARS 算法和二次差值法，以及结合人工视检法对时间序列中未标注跳变的探测结果得出，跳变主要集中在 GNSS 技术的测站中。上述综合方法探测出的未标注跳变，包括 GNSS 技术 41 个测站中的 55 个未标注跳变以及 SLR 技术中的 2 个未标注跳变，其中 DORIS 和 VLBI 技术残差时间序列中暂时没有发现未标注跳变。

8.4　未标注跳变对地球参考架的影响

　　为研究未标注跳变对地球参考架的影响，将上述探测到的未标注跳变信息应用到上海天文台自主研发的解算全球性综合地球参考架和 EOP 软件 (STRF) 中重新解算地球参考架和 EOP。解算了两组综合地球参考架和相应的 EOP 时间序列进行对比分析，这两组解为没有考虑未标注跳变的解 Solution-A(SOL-A) 和引入未标注跳变后的解 Solution-B(SOL-B)，分别对这两组解的地球参考架基准和站坐标结果进行分析。

　　这里实现的地球参考架基准原点由 SLR 技术确定，尺度因子由 SLR 和 VLBI 技术加权平均来具体实现，GNSS 技术并未参与地球参考架基准的确定。而本次探测的未标注跳变主要集中发生在 GNSS 技术测站中，因此在引入未标注跳变信息之后，解算结果中原点和尺度参数精度没有得到明显改进。

　　将探测到的未标注跳变信息应用到 STRF 地球参考架模型解算中，比较站坐标精度结果发现，重新解算出的测站坐标残差减小，对测站非连续性进行了有效改善。这里以三个引入未标注跳变信息前后的测站残差时间序列对比结果为例，具体见图 8.2 ~ 图 8.4。图 8.2 表示 NSSS 测站未标注跳变情况。根据 ITRF2014

提供的 GNSS 测站非连续性信息文件，得知测站 NSSS 在历元 2011.277 发生过天线设备更换，但实际应用本书方法又探测出另外两处跳变，即在 NSSS 测站时间序列的 2010.266 和 2011.340 时刻，如图 8.2(a) 中垂直实线所标记，E (东，East) 方向和 N (北，North) 方向时间序列在 2010.266 时刻均存在明显跳变，同时 U (上，Up) 方向有微弱影响。此外，在 N、U 方向的 2011.340 时刻也各自存在未知原因跳变。将探测出的两处未标注跳变引入 STRF 地球参考架的解算中，解算结果见图 8.2(b) 中垂直虚线标记，发现 E、N、U 三个方向的非连续性均得到有效修复。此外，考虑了未标注跳变的 STRF 地球参考架坐标精度得到提高，例如 E 方向坐标序列均值从 −1.1385mm 变化至 −0.1321mm，均方差从 7.8003mm 降至 3.0568mm，减小 60.8%。U 方向坐标序列均值和均方差同样有所降低，整体解算结果残差更小，站坐标序列趋于稳定。

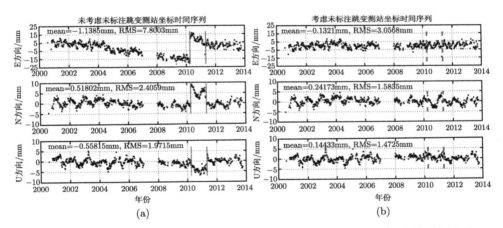

图 8.2   引入未标注跳变前后的 STRF 地球参考架中 NSSS 测站坐标残差时间序列

图 8.3 表示 IENG 测站未标注跳变情况。IERS 发布的 GNSS 测站非连续性信息文件中未提供此站跳变信息，但是通过探测发现 IENG 站东西方向 2011.304 时刻存在未知原因跳变，并对后续坐标位置造成持续影响，如图 8.3(a) 垂直实线标记所示，其中南北方向 2004~2011 年存在趋势项，其原因经猜测与 2011.304 时刻未知跳变有关。将此处跳变信息引入 STRF 地球参考架之后，测站坐标时间序列解算结果见图 8.3(b)，其均值与均方差降低，N 方向趋势项成功去除，均方差从 1.7634mm 降低为 1.4384mm，减小 18.4%。

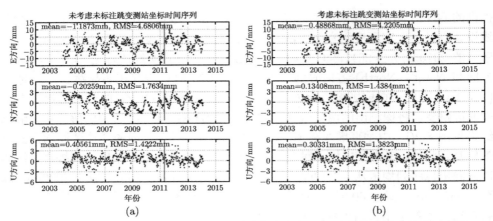

图 8.3   引入未标注跳变前后的 STRF 地球参考架中 IENG 测站坐标残差时间序列

图 8.4 表示 KATZ 测站坐标时间序列，IERS 提供此站在 2003.184 时存在天线变更和 2004.825 时刻存在未知原因造成测站的非连续性。本次探测出 KATZ 站在 E 和 N 方向的 2009.833 时刻存在明显跳变，如图 8.4(a) 垂直实线标记所示，同时 E 和 N 方向跳变发生前后的时间序列存在明显趋势项，若不对此处进行分段处理，必会对地球参考架产生不利影响。在考虑了此处跳变信息之后的 STRF 地球参考架，测站坐标时间序列解算结果的均值与均方差有所改善，见图 8.4(b)，E 和 N 方向时间序列趋势项成功去除，其中 E 方向均值由 -4.4603mm 变化为 1.0033mm，均方差降低 47.8%，N 方向均值由 1.0083mm 变为 -0.016358mm，均方差降低 40.4%。

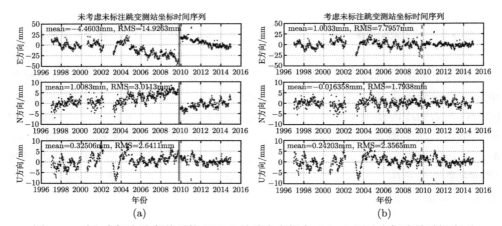

图 8.4   引入未标注跳变前后的 STRF 地球参考架中 KATZ 测站坐标残差时间序列

此外，还可用站坐标残差的 RMS 值来评估引入未标注跳变前后测站坐标精度情况，对两组解 SOL-A 和 SOL-B 测站的站坐标残差 RMS 值进行了对比统计分析，具体见图 8.5，从图中可以看出，引入未标注跳变后大部分测站的站坐标残差减小。经统计计算，引入未标注跳变的测站中，95％测站的站坐标的 RMS 值降低，说明 SOL-B 坐标结果精度整体优于 SOL-A。

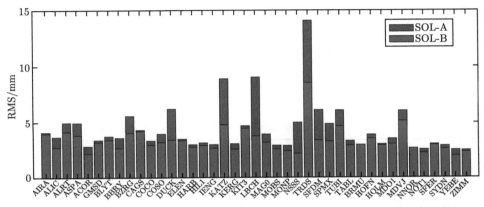

图 8.5　两组解 SOL-A 和 SOL-B 中未标注跳变测站的站坐标残差 RMS 值比较

8.5　未标注跳变对 EOP 的影响及精度分析

　　为考察加入未标注跳变前后对 EOP 结果及精度的影响，将引入未标注跳变前后解算结果中的 EOP 与 IERS C04 序列进行做差比较，图 8.6 给出了 SOL-A 和 SOL-B 两组解中的 EOP 与 IERS C04 序列的比较结果。通过对比可以看出，SOL-A 和 SOL-B 两组解一致，并且这两组解与 IERS C04 之间不存在明显偏差。表 8.2 列出了 SOL-A 和 SOL-B 两组解中 EOP 结果以 C04 为参考的 WRMS，通过比较可以发现，引入未标注跳变信息后，极移、UT1−UTC 和 LOD 精度均有提高，其中 UT1−UTC 序列的两组解 SOL-A 和 SOL-B 的 WRMS 由 0.0086ms 降低为 0.0083ms，极移、LOD 的 WRMS 降低更明显，具体见表 8.2。

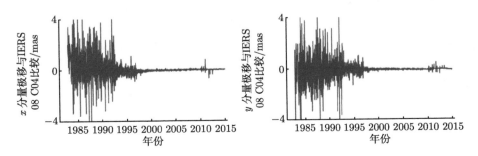

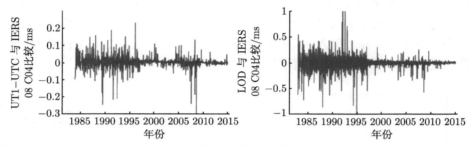

图 8.6　SOL-A 和 SOL-B 中 EOP 极移 x 分量和 y 分量、LOD、UT1−UTC 与 IERS 08 C04 做差时间序列比较

表 8.2　SOL-A 和 SOL-B 中 EOP 的 WRMS 情况

EOP 参数	WRMS	
	SOL-A	SOL-B
x 分量极移/mas	0.0635	0.0527
y 分量极移/mas	0.0634	0.0512
(UT1−UTC)/ms	0.0086	0.0083
LOD/ms	0.0108	0.0087

8.6　未标注跳变探测意义和必要性

通过本章介绍的四种技术测站跳变探测方法及其对地球参考架和 EOP 的影响可以看到，利用 GESD 算法的粗差和野值探测及基于 t-检验序贯格局转换分析 (STARS) 法的跳变探测，可以更好地剔除野值、标志未被标注的跳变。由于测站坐标时间序列的复杂性，跳变检测的误报率和漏检时有发生，故应采用与 STARS 方法相结合的二次差值法和人工视检法综合检测跳变。基于上海天文台建立的中国地球自转与地球参考系服务地球参考架和地球定向参数确定软件包，重新进行了地球参考框架的建立和维持，消除未标注跳变对地球参考框架的不利影响，发现重新解算的测站坐标残差明显减小，对测站非连续性也有了很好修复，不仅提高了地球参考架精度和稳定性，而且有助于后续周期性信号的拟合和提取，同时也对 EOP 精度提高有所帮助，因此，探测未标注跳变是非常有必要和重要的，未来也许有更好、更准确、更自动化的探测方法，这也是地球参考架的发展方向之一。

第 9 章　测站非线性特征提取及结果分析

前述地球参考架是基于测站的线性运动模型建立的，但实际测站的运动还有非线性，影响地球参考架的因素非常多，主要包括构造和非构造因素，为此，首先需进行地球构造/非构造运动特征分析，然后分析这些因素对地球参考架的影响，这对建立非线性高精度的地球参考架尤为重要。测站坐标时间序列及其线性参考架坐标残差时间序列就含有这些影响因素，因此对其进行分析，总结其中的规律，分析其非线性特征，就可为建立合适的非线性特征模型奠定基础。目前，分析坐标或者其残差时间序列的方法主要有傅里叶变换、小波变换、传统的最小二乘拟合、主成分分析 (principal component analysis，PCA)、奇异谱分析 (singular spectrum analysis，SSA) 等。下面依次介绍，在介绍之前，对坐标时间序列的分析特点给予了研究，并利用线性地球参考架的 GNSS 坐标残差时间序列研究了非线性运动对地球参考架的影响规律和不同时间尺度的非线性影响特征。

9.1　地球构造/非构造运动特征分析

9.1.1　地球构造影响因素分析

地球构造影响因素主要包括地震、地壳运动、地幔及地核对流。目前，地震研究已经非常细致，把地震分为同震 (co-seimic)、震后滑动 (post-seismic slip) 和慢滑动事件 (slow slip event，SSE) 以及震前滑动事件 (pre-seismic slip event)。慢滑动事件即地震探测仪没有探测到，但具有可观的地震矩 (of comparable seismic moment) 且比常规地震具有更长的持续时间。在以前的地震研究和 ITRF2014 建立中主要考虑同震和震后滑动，对慢滑动事件和震前滑动事件未考虑。通过对测站残差序列更细致的分析，发现残差中依然有小跳变和慢变量，小跳变已经可以通过小波变换等方法进一步探测，项目组通过小波变换及广义离群检测算法和 t-检验序贯格局分析方法对未标注的跳变给予了探测，并进行了其对地球参考架和 EOP 精度的影响分析，而慢变量目前还没有好的方法进行模制。目前地震的影响可以在测站的位置变化中明显表现出来的是同震和震后滑动形变，特别是强震，其他影响较小，在位置变化中还较难检测到。

地壳运动包括板块运动和地壳形变，在过去主要依靠地质、地震、传统大地测量等手段进行监测，如 NNR-NUVEL1A 板块运动模型，而现在可利用空间大地测量，特别是密集的 GNSS 网进行现时板块运动和地壳形变监测，如现时板块运动模型 ITRF97VEL 和中国地壳形变监测等 (王小亚等，2002)。对于区域地壳形变还可利用其加密的 GNSS 网数据进行精细化的地壳形变监测和研究，如加密的数千个中国区域 GNSS 测站数据就可用来进行中国区域地壳形变精细化和高精度监测。在不考虑非构造运动的影响下，可以认为测量的水平线性速度减掉板块运动线性速度就是地壳形变速度。经研究发现我国周边测站 KIT3、POL2 和 IRKT 形变速度很小，意味着尽管它们毗邻帕米尔–贝加尔强震带，但仍然属于欧亚板块的较稳定部分，这些站对提高欧亚板块欧拉矢量的估计有着重要的作用。另外，还可以看到中国地壳运动有明显的非均匀性，以南北地震带为界，东部的地壳形变远弱于西部的地壳形变 (王小亚等，2002)。

地幔及地核对流研究目前还因数据不足基本停留在数值模拟阶段。其数据主要来自深层地震和古地质数据，但是这些数据的获取和精度都非常有限，因此，目前的手段仅可以依靠地壳或者地面测站的测量来建立地球参考架，还不能完全实现一个与整体地球相关联的理想地球参考架。

9.1.2　地球非构造影响因素分析

地球非构造影响因素主要包括大气负荷、海潮负荷、陆地水、积雪、冰盖冰川、海平面变化和系统差影响等，其明显存在周年及季节性变化，有些站还存在年际及长期趋势项变化，这些时变特征的研究为进一步提高地球参考架精度奠定了基础。

地球非构造影响因素主要影响测站的垂直运动，表 9.1 给出了水平和垂直方向估计的周期运动幅度和垂直方向长期运动速率统计。表中的范围一栏：对周期运动，指的是相应的振幅大小范围；对长期项，指的是长期运动的速率。表中的数字指的是全球 164 个 GPS 站中在此运动范围相应项的站数。从表中可以看出，水平方向运动的确存在周期运动，但它们的振幅相对很小，对线性速度项影响很小，但考虑周期运动某种程度上可提高水平速度的估计精度，从结果可看出水平运动速度的精度大大提高了，这是复测方法无法比拟的，主要归功于连续测量 (王小亚等，2002)。造成水平方向周年和半周年运动的物理机制和因素还需进一步研究，其中很可能是由非构造因素大气负荷等造成的。

表 9.1   水平和垂直方向估计的周期运动幅度和垂直方向长期运动速率统计 (周期运动单位为 mm，长期运动速率单位为 mm/a)

范围	东西向		南北向		高程方向		
	周年	半年	周年	半年	周年	半年	长期项
<1	52	119	69	123	8	44	60
1~2	71	38	76	41	30	46	36
2~3	32	6	26	0	33	43	28
3~4	6	1	0	0	40	20	11
>4	2	0	3	0	53	11	29

众所周知，大气负荷效应具有周年项，特别是对高程方向，其影响可达 5mm 左右，具体大小与大气压有关，且由于反向气压效应的存在而高度依赖于海岸的距离，一般情况，反向气压影响随离海岸的距离的增加而降低，一个岛站的大气负荷位移应该接近于 0。由于大气负荷的位移不仅依赖于离最近海岸线的距离，而且依赖于附近海岸线的几何形状，这些因素使得大气负荷精确给出非常困难，从而某种程度上造成了精化高程运动有一定难度。目前大气负荷的影响在大多数空间大地测量技术中还不成熟，因此，在数据处理时未考虑其影响。

海潮负荷效应对测站位移的影响在某些台站 (如大洋中的岛屿以及沿海岸地区) 可达几厘米，因此，在空间大地测量技术中必须加以改正。海潮负荷的计算有多种方法，已经发展了好多模型，不同模型，精度会有所不同，其精度主要取决于地球模型和海洋潮图的精确度，目前常使用 IERS 建议的海潮负荷模型。

另一个影响高程周年项运动的因素是陆地水和积雪。由于一年四季，陆地水和积雪存在周年变化，其重新分布比大气负荷还难以模拟，这不仅与降雨和降雪量大小有关，还与蒸发和流失量等有关，而这些量都很难直接估计，好在这些量已建立了一些模型 (Dong et al., 1997)。

冰盖冰川融化和海平面变化也可能是周年运动的影响因素。随着全球变暖，极区冰盖、冰川和雪山会溶化，海平面会升高，这些信号也是呈周年性的，其量级一般是毫米级 (Dong et al., 1997)。将 GNSS 地表形变观测与经过泄漏改正的 GRACE 卫星重力反演结果在极区综合比较分析，可定量研究冰盖冰川消融引起的物质负荷效应对地表形变的贡献，其消融位置信息的准确把握对于可靠分析和解释冰盖区域 GNSS 台站形变观测具有重要作用。

另一个影响周年运动的因素可能与地球物理因素无关，而是 GNSS 技术和数据处理模型本身造成的，属于系统差影响因素。首先太阳辐射压就是周年项的，它是 GNSS 卫星轨道的主要误差源，从而造成位置时间序列的周年信号。其次由于 GNSS 卫星轨道周期约是半个恒星日，所以站与卫星的几何构形有一个周年周期，从而可能使严重依赖"测站-卫星"几何构形的多路径效应有周年周期，而目前在地球参考架数据处理中并未对多路径效应进行改正。此外，数据处理中模型误差产生的周年项，如海潮模型、大气延迟、天线相位中心模型误差等系统误差是比较复杂的，但也不是无迹可寻的，可随着监测时间的积累和研究的深入，可以在台站位置中有所反映，某种程度上也可被探测。

9.1.3 地球构造影响因素时变特征分析

从上面的构造影响因素分析可以看到，地球构造影响因素如板块运动、地壳形变和冰后反弹是线性的，且具有区域性，比较有规律，而地震同震是在瞬间发生的，一般持续时间很短，可看作一个跳变，当作位置发生了一个常数变化地震同震和震后形变可以通过地震数据根据其不同特点进行模制和处理，震后形变通常通过非线性的指数或者对数形式进行拟合处理。

通常，测站运动由线性和非线性运动构成，其中线性运动主要由水平的构造运动和冰后反弹引起，而非线性的运动除了震后形变外，还有非线性的周期运动，主要由地球物理因素如负荷效应 (包括大气、海洋和水文等) 和系统误差引起。

此外，将 GNSS 观测与 GRACE (Gravity Recovery and Climate Experiment) 卫星时变重力测量资料联合，可对大地震的地表形变进行监测和有效解释，利用 GRACE 卫星重力观测、海底地形模型和地震模型数据可给出海底地形对地震形变效应的贡献，发现地形效应在大地震同震变化的 GRACE 卫星重力观测研究和反演中不可忽略。通过观测与地震位错模型正演结果的比较分析，证实了倾斜地形效应对大地震形变引起重力场变化的重要贡献，表明地形效应对现有地震位错模型正演结果的影响可达 10%，这种影响在联合卫星重力与 GNSS 观测对大地震的地表形变监测和解释中需加以考虑 (Li et al., 2016)。

9.1.4　地球非构造影响因素时变特征分析

地球非构造影响因素存在明显的周期性变化特征，包括年际、周年和季节性信号，主要来自地表质量迁移产生的负荷形变效应，地表质量迁移在时间变化以及空间分布上均非常复杂，利用传统的地面观测方法难以连续地、在全球范围进行有效观测，而 GRACE 某种程度上提供了此负荷形变研究的有效手段 (Wang et al., 2016)。

选取欧洲作为研究区域，该区域 GPS 台站布网密集，观测资料质量高、时间长，利于研究信号较小的负荷形变。另外，欧洲区域的负荷形变研究有较为充分的参考资料 (van Dam et al., 2007)，便于验证所用数据分析方法。结果表明，在选取的 36 个台站中，GPS 与 GRACE 的符合程度较之前有了明显的提高，见图 9.1。在从 GPS 信号中去除 GRACE 信号后，22 个台站有明显的加权均方根 (WRMS) 减少率，说明这些台站的周年项振幅和相位符合程度很好。这里较之前人研究结果有了一定的改进，原因主要包括以下方面：第一，GPS 的观测时间更长、质量也更高，基于所选 36 个台站的相位图与前人研究结果进行比较，现有相位图有着更好的空间一致性，说明 GPS 数据质量的提高；第二，更新版本、更长时间的 GRACE 产品也有助于更精确的量化水文负荷形变的大小；第三，评估了 GRACE 信号泄漏在负荷形变研究中的影响。利用格网因子方法，假定由全球陆面数据同化系统 (Global Land Data Assimilation System，GLDAS) 观测的数据与 GRACE 观测到的信号相同，并作为原始信号，对其进行与 GRACE 一样的滤波处理 (球谐系数截断和高斯滤波)，将两者之比作为由滤波所产生的偏差 (格网因子)，再将该格网因子乘以 GRACE 滤波后的结果，得到恢复之后的 GRACE

数据，见表 9.2 (Wang et al., 2016)。

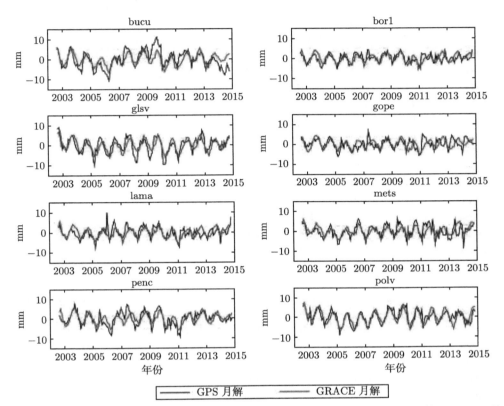

图 9.1　所选取的欧洲区域 8 个代表性站点的 GPS 序列和经过网格因子恢复后的 GRACE 形
变反演序列的比较 (彩图见封底二维码)

由于将 GRACE 质量信号泄漏恢复方法引入负荷形变信号处理中，基于
GLDAS 模型改正，其地表水负荷中由滤波引起的信号泄漏效应，恢复其实际形
变信号的振幅和相位，可得到与 GPS 形变观测更为符合的结果，具体恢复效果
通过图 9.2 的柱状图比对可直观地显示出来，图中红黑柱条的对比显示，经过信
号恢复改正后的 GRACE 负荷形变反演结果与 GPS 观测符合更好，且在信号振
幅越大的区域，恢复效果越显著 (Wang et al., 2016)。

表 9.2　欧洲区域 36 个站点 GPS 与 GRACE 序列
(恢复改正前后分别) 的比较　　　　　　(单位: cm)

站点	陆地水负荷形变							
	振幅 (GPS)	相位 (GPS)	振幅 (GRACE)	相位 (GRACE)	符合程度	恢复振幅 (GRACE)	恢复幅度差异	差异百分比/%
bor1	1.39	7.23	2.47	6.78	8.12	2.74	0.27	10.93
bucu	3.19	6.86	3.20	6.38	23.42	3.55	0.35	10.94
ebre	0.84	5.36	1.17	8.27	−1.34	0.86	−0.31	−26.50
glsv	4.13	7.15	3.70	6.25	30.03	4.13	0.43	11.62
gope	1.63	8.71	2.50	6.79	−1.44	2.59	0.09	3.60
graz	1.98	7.65	2.59	6.77	10.85	2.65	0.06	2.32
hers	1.02	3.61	1.28	8.18	2.53	1.24	−0.04	−3.13
joze	2.36	3.94	2.80	6.62	−15.79	2.95	0.15	5.36
kiru	5.75	8.90	1.64	6.64	−3.19	2.07	0.43	26.22
lama	1.98	7.76	2.62	6.71	12.02	2.90	0.28	10.69
lroc	1.14	8.46	1.41	8.00	13.79	2.11	0.70	49.65
mar6	2.56	8.76	1.96	6.96	4.96	1.75	−0.21	−10.71
mate	1.37	7.17	1.96	7.08	12.99	1.62	−0.34	−17.35
mets	2.68	7.77	2.57	6.76	18.03	2.37	−0.20	−7.78
not1	1.92	4.85	1.03	8.38	−4.61	0.50	−0.53	−51.46
nya1	1.44	3.28	0.57	3.88	10.61	1.09	0.52	91.23
nyal	1.26	4.53	0.57	3.88	8.90	1.09	0.52	91.23
onsa	1.56	3.73	1.61	7.21	−7.22	1.32	−0.29	−18.01
pado	0.04	4.69	2.16	6.94	−9.21	2.22	0.06	2.78
penc	2.74	7.58	2.89	6.61	26.94	3.14	0.25	8.65
polv	3.51	6.27	4.06	6.13	35.04	4.63	0.57	14.04
pots	2.57	8.00	2.14	6.93	17.13	2.50	0.36	16.82
ptbb	0.78	7.68	1.87	7.08	−14.29	2.46	0.59	31.55
redu	0.36	8.52	1.66	7.42	−1.99	2.31	0.65	39.16
riga	2.74	8.18	2.71	6.71	10.84	2.94	0.23	8.49
sfer	1.08	4.36	1.03	3.77	19.97	2.19	1.16	112.62
spt0	0.86	4.29	1.67	7.17	−20.12	1.72	0.05	2.99
svtl	2.25	7.14	3.12	6.58	10.69	3.05	−0.07	−2.24
tlse	0.43	8.07	1.42	7.86	1.23	2.36	0.94	66.20
tro1	1.40	7.35	1.10	6.52	4.25	1.45	0.35	31.82
vill	1.98	5.36	1.09	8.58	1.62	2.34	1.25	114.68
wab2	0.44	4.22	1.91	7.18	−9.30	2.58	0.67	35.08
wsrt	1.15	3.55	1.50	7.40	−5.55	1.73	0.23	15.33
wtzr	1.28	7.35	2.40	6.84	10.14	2.49	0.09	3.75
yebe	0.68	7.98	1.16	8.37	15.52	2.12	0.96	82.76
zimm	0.61	7.19	1.91	7.18	7.78	2.58	0.67	35.08
zwe2	3.45	6.53	4.22	6.31	26.74	4.57	0.35	8.29

注: GPS 与 GRACE 序列的符合程度用两者残差序列的加权均方根 (WRMS) 的减少率 (%) 来表示。

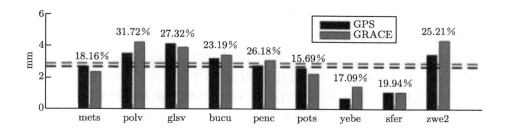

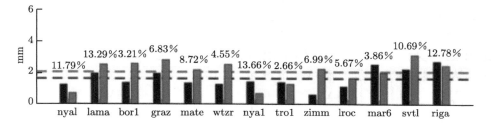

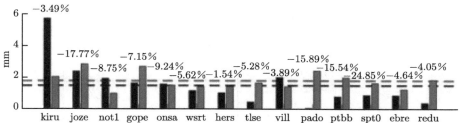

图 9.2 欧洲区域 GRACE 卫星时变重力观测反演的地表负荷形变分别在信号恢复改正前后与 GPS 站点形变观测的比较分析 (共 36 个站点)

需要指出，恢复结果还有一些不确定性和需要改进的地方。首先，格网因子方法是基于 GLDAS 水模型资料，这就要求水模型资料要完全代表真实的水质量变化信号，任何 GLDAS 中的不确定性都会影响到恢复结果，事实上 GLDAS 水模型缺少对地下水和部分地表水的观测资料。其次，欧洲区域的负荷形变周年振幅较小，易受 GPS 观测误差影响。再者，欧洲区域的沿海区域台站较多，海陆边界的信号泄漏效应会严重影响沿海区域的格网因子计算。然后，格网因子方法更适用于区域尺度的研究 (如区域质量变化总量)，对于单个格网点的研究，不确定性较大。最后，所采用的 JPL 发布的 GPS 时间序列可能低估了负荷形变的周年振幅。因此，本研究结果总体上证实了利用 GPS 和 GRACE 对负荷形变进行定量分析是可行的，但还有着较大的不确定性，GRACE 信号泄漏在负荷形变的研究中是不可忽视的 (Wang et al., 2016)。

另外，部分区域台站还有长期趋势变化，其机制可能来自冰川长期质量减少引起的负荷形变或冰川均衡调整 (glacial isostatic adjustment, GIA) 模型误差或

GPS 测量误差以及质量模型误差等，如图 9.3 和表 9.3 所示。结果表明，KELY 和 SENU 测站取得了较好的恢复结果，恢复之后 GPS 和 GRACE 的长期速率基本一致，说明 GPS 观测到的高程长期信号，主要是由格陵兰岛长期质量减少引起的负荷形变，也说明 GRACE 在进行合理的信号恢复之后，可以用于负荷形变的长期信号研究。Van Dam 等 (2017) 利用 GPS 和绝对重力仪测量得出了 KULU 测站与以往 GIA 模型截然不同的结果，基于该结果，得到了 GPS 与恢复后的 GRACE 的长期速率非常一致，间接证明 GIA 模型在该区域可能存在较大偏差。此外，QAQ1 恢复前后的 GRACE 负荷形变的长期速率均不能与 GPS 符合，其可能原因包括：GIA 模型误差、GPS 测量误差，以及质量模型误差等。地球非构造因素还包括一些系统误差，例如对流层延迟模型误差、轨道模型误差等，其特征与这些误差表现特征一致 (Wang et al., 2016)。

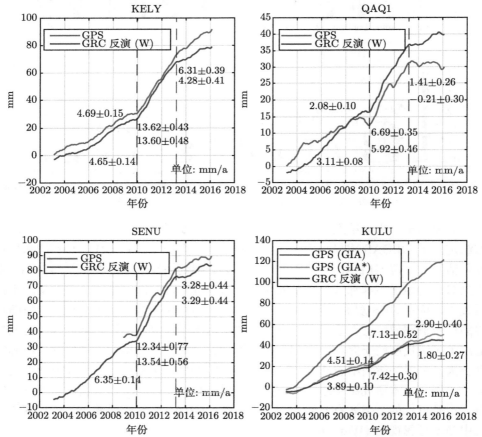

图 9.3   格陵兰岛 4 个站点地表形变时间序列与卫星重力反演结果在年际变化及长期趋势信号方面的比较分析 (彩图见封底二维码)

表 9.3   基于冰盖融化模型正演所得的格陵兰岛南部 4 个站点形变线性速率 (加以 GNSS 观测与 GRACE 质量变化恢复结果约束) (单位：mm/a)

指标项	KELY	QAQ1	SENU	KULU
GNSS	7.70 ±0.13	2.51 ±0.06	8.06 ±0.25	9.88 ±0.06 [4.63 ±0.06]*
GRACE SH	4.51 ±0.08	3.23 ±0.05	3.54 ±0.13	4.15 ±0.05
GRACE mascon	5.50 ±0.10	4.71 ±0.06	6.10 ±0.18	6.54 ±0.06
GRACE 反演 (UW)	6.85 ±0.11	3.91 ±0.06	8.04 ±0.25	4.31 ±0.05
GRACE 反演 (W)	7.10 ±0.12	3.66 ±0.05	8.05 ±0.25	4.30 ±0.05

* 该速率结果基于 van Dam 等 (2017) 新局部 GIA 模型得到。

9.2   坐标时间序列分析特点

时间序列分析的作用主要有：对理论性模型和数据进行检验，探讨模型能否正确反映观测现象；刻画系统所处的状态及其结构性，从而达到认识系统的目的；描述系统运行规律，认识和掌握规律；预测系统的未来，从而利用规律；控制系统未来，达到支配和利用系统的目的。

对台站时间序列特征进行分析，即是对站点坐标时间序列的模型化拟合过程，因为时间序列是将某一指标在不同时间的数值按时间先后排序而成，往往从整体上呈现出某种趋势性和周期性变化。因此，选择合适的拟合回归模型 (拟合函数模型) 配合适当的噪声数学模型 (拟合随机模型) 来进行最小二乘平差计算，最后可得到相应的拟合参数。台站因为地震、站台迁移、仪器拆卸更换等因素发生位置偏移或运动变化，台站变化信息在 EOP 和地球参考架同时解算中是很重要的因素，直接对综合解结果产生影响。除线性趋势项外，GNSS 坐标时间序列呈现出非常明显的非线性变化，而非线性变化 (尤其是垂直方向的季节性变化) 通常被认为是由地球物理效应以及与 GNSS 技术相关的系统误差引起的。不同原因造成的台站位移对时间序列的贡献率不同，对其进行定量分析有助于研究造成台站非线性运动的物理机制，进而进行改正。确定时间序列变化的机制，不但可以通过获得台站的准确位置和速度合理解释板块构造运动，为建立和维持动态地球参考架提供准确的基础数据，而且还能为研究相关地球动力学过程提供更好的理论指导及应用价值。

理想情况下，GNSS 台站坐标残差时间序列的噪声特性应表现为纯白噪声，然而实际并非如此，通常认为地球物理效应及与 GNSS 技术相关的系统误差是产生有色噪声的潜在来源，例如，站点的不稳定性导致闪烁噪声和随机游走噪声。国内外学者对 GNSS 存在的长期项、周年项和半年项等周期性信号进行了探测和分析，针对由地表质量负荷造成的位移研究发现，大气负荷、非潮汐海洋负荷及水文负荷与 GNSS 台站垂直位移具有强相关性。除由地表质量负荷造成的位移外，GNSS 数据处理模型的不完善同样可能导致台站产生虚假的非线性位移，包括电离层延迟高阶项、大气潮汐、海洋潮汐、对流层延迟处理方式等。近年来，GNSS

数据处理模型及策略取得了显著的进步，从产生形变的本质入手，定量分析不同机制造成的台站位移对时间序列的贡献，是 GNSS 技术应用未来的发展新方向，有助于研究造成台站非线性运动的物理机制，进而改正其误差。许多研究成果表明，数据处理策略的不完善及未模型化的 GNSS 系统误差可能导致虚假周期性信号的产生，故在数据拟合过程中应最大限度地减少 GNSS 系统误差和估计参数个数，并选择合适跨度的数据序列进行拟合以提高拟合参数的精度，这样得到的结果可以获得台站准确的位置和速度，为板块构造运动进行合理精准化的解释提供保障，也为建立和维持非线性地球参考架提供基础数据。

9.3   非线性特征分析方法

9.3.1   傅里叶变换

傅里叶变换是一种信号频谱分析方法，它把时域和频域联系在了一起。傅里叶变换是描述函数的第二种语言，可以将一个时域信号分解为多个频域信号，而众多的频域信号又可以准确无误地重构原来的时域信号，这种变换是可逆的且能量保持不变 (冷建华, 2004)。1965 年，美国工程师 Cooley 和 Tukey 提出了快速傅里叶变换的概念，其基本思想是：令序列 $f(n)$ 长度为 $N = 2^m$，不满足的部分尾部补零，按照 n 的奇偶顺序将 $f(n)$ 分解为两个 $N/2$ 长度的子序列：

$$g_1(m) = f(2m), \quad m = 0, 1, 2, \cdots, \frac{N}{2} \tag{9.1}$$

$$h_1(m) = f(2m + 1), \quad m = 0, 1, 2, \cdots, \frac{N}{2} \tag{9.2}$$

$$F(k) = \sum_{n偶} F(n) \mathrm{e}^{-f\frac{2\pi}{N}kn} + \sum_{n奇} F(n) \mathrm{e}^{-f\frac{2\pi}{N}kn} \tag{9.3}$$

$$F(k) = \sum_{m=0}^{\frac{N}{2}-1} g_1(m) \mathrm{e}^{-f\frac{2\pi}{N/2}km} + \mathrm{e}^{-f\frac{2\pi}{N}} \sum_{m=0}^{\frac{N}{2}-1} h_1(m) \mathrm{e}^{-f\frac{2\pi}{N/2}km} \tag{9.4}$$

上式右边分别为长度 $N/2$ 的 $g_1(m)$、$h_1(m)$ 的傅里叶变换 $G_1(k)$、$H_1(k)$，因此，

$$F(k) = G_1(k) + \mathrm{e}^{-f\frac{2\pi}{N}} H_1(k), \quad k = 0, 1, 2, \cdots, \frac{N}{2} - 1 \tag{9.5}$$

$$F(k + N/2) = G_1(k) - \mathrm{e}^{-f\frac{2\pi}{N}k} H_1(k), \quad k = 0, 1, 2, \cdots, \frac{N}{2} - 1 \tag{9.6}$$

快速傅里叶变换 (FFT) 可以有效地从给定的信号中找到频率与能量的关系, 而这种关系是通过转换信号时间域的计算关系得到的, 快速傅里叶变换首先通过假设信号由在时间域具有一系列各种频率的正弦波信号组成, 在这种假设下, 快速傅里叶变换会把信号从时间域转换为频率域, 它实际是一个关于所有正弦信号大小和频率的关系图, 快速傅里叶变换定义如下:

$$X(f) = F\{x(t)\} = \int x(t)\mathrm{e}^{-f2\pi ft}\mathrm{d}t \tag{9.7}$$

其中, $x(t)$ 是时间域的信号; $X(f)$ 是快速傅里叶变换的结果; ft 是需要分析的频率。

使用快速傅里叶变换在频率域分析信号应注意两个重要关系: 第一个重要关系是奈奎斯特定理, 指频率分析过程中, 如果采样频率小于正确分析最大频率的 2 倍, 则得到的结果就会出现错误, 导致高频率的分量会出现在低频率的分量中, 即所谓的 "失真", 而由失真导致的错误结果是无法通过过滤器检测出来的。最大分析频率应满足:

$$F_{\max} = \frac{f_{\mathrm{s}}}{2} \tag{9.8}$$

其中, f_{s} 是采样频率。

第二个重要关系是频率分辨率, 是指可以观察的数据的精确程度。频率域分析的正确性与频率的分辨率有密切关系, 但是在频域中, 频率分辨率与信号波形的总体时间长度成正比, 与每一个采样信号的比特数无关。为了提高频率分辨率, 可以延长采样时间, 其具体关系如下:

$$\Delta f = \frac{1}{T} = \frac{f_{\mathrm{s}}}{N} \tag{9.9}$$

其中, T 是整个采样时间; N 是采样点数。

快速傅里叶变换最常用的是能量谱, 获取能量谱后就可以获取能量谱密度。傅里叶变换的典型性质有如下三种。

1. 空间域平移性

空间域图像 $f(x, y)$ 的原点平移到 (a, b) 时, 其对应的频谱变换关系为

$$f(x + a, y + b) \leftrightarrow F(u, v)\exp[-f(au + bv)] \tag{9.10}$$

即频谱乘一个负指数项, 使得相位发生位移而幅度不变。

2. 旋转不变性

在空间域以极坐标 r, θ 取代 x, y；在变换域以 ϖ, ϕ 代替 u, v，使得

$$\begin{cases} x = r\cos\theta \\ y = r\sin\theta \end{cases}, \quad \begin{cases} u = \varpi\cos\phi \\ v = \varpi\sin\phi \end{cases} \tag{9.11}$$

显然，在傅里叶变换前图像为 $f(r, \theta)$，变换后为 $F(\varpi, \phi)$，且存在以下变换关系：

$$f(r, \theta + \theta_0) \leftrightarrow F(\varpi, \phi + \theta_0) \tag{9.12}$$

这表明，图像阵列 $f(r, \theta)$ 在空间域旋转 θ_0 角度后，变换系数矩阵在频率域也旋转同样角度，反之同样成立。

3. 比例缩放性

函数 $f(x, y)$ 的尺寸缩放到 $f(ax, by)$ 时，对应的频谱关系为

$$f(ax, by) \leftrightarrow \frac{1}{ab} F\left(\frac{u}{a}, \frac{v}{b}\right) \tag{9.13}$$

这表明图像在空间域按比例缩放，傅里叶频域反方向缩放相同比例。

9.3.2　小波变换

小波变换的概念是由法国工程师 J. Morlet 于 1974 年提出的，与傅里叶变换和窗口傅里叶变换不同，它是一个时间和频率的局域变换，能够从信号中提取有用信息，并通过伸缩平移等功能对信号进行多尺度分析 (multiscale analysis)，从而解决傅里叶变换不能解决的问题，被誉为 "数学显微镜" (张丹等, 2018)。

小波变换的核心思想就是按照尺度来分析信号，通过小波伸缩和平移来研究信号与小波之间的相关性。这就好比在不同的距离上来观察一个物体，信号伸展后的小波相关性揭示了信号的大概特征，收缩后的相关性揭示了信号的细节特征。

小波变换是一种时频局部化方法，具有局部化、多层次、多分辨率等优点，是用来处理非稳定信号的理想工具。它可以探测到信号中存在的瞬态成分和频率成分，通过对信号的高频分解系数进行阈值量化，不同的小波基具有不同的时频特征和非均匀分布的分辨率，在低频段采用高的频率分辨率和低的时间分辨率，而在高频段采用低的频率分辨率和高的时间分辨率，很适合用来分析变异信号，具有较好的去噪效果。相关公式如下：

$$\{\varphi_{a,b}(t)\} \left| \varphi_{a,b}(t) = a^{-\frac{1}{2}} \varphi\left(\frac{t-b}{a}\right), \quad a > 0, \quad a \in \mathbf{R}, \quad b \in \mathbf{R} \tag{9.14}$$

式 (9.14) 中，$\varphi(t)$ 为小波母函数，通过对其进行平移伸缩可得到小波基函数集 $\varphi_{a,b}(t)$；a 为尺度因子；b 为平移因子；$\mathbf{R}$ 为实数集。

$$a = a_0^m, \quad b = nb_0, \quad m, n \in \mathbf{Z} \tag{9.15}$$

将式 (9.15) 代入式 (9.14) 可得

$$\varphi_{m,n}(t) = |a_0|^{-\frac{m}{2}} \varphi(a_0^{-m}t - nb_0) \tag{9.16}$$

则离散小波变换为

$$f_{\mathrm{DWT}}(a, b) = |a_0|^{-\frac{m}{2}} \int_{-\infty}^{+\infty} f(t)\varphi^*(a_0^{-m}t - nb_0)\mathrm{d}t \tag{9.17}$$

式中，$f_{\mathrm{DWT}}(a, b)$ 为连续小波变换系数；$*$ 表示共轭。

本书主要利用小波变换对信号进行 2 层分解从而确定变异信号出现的时间，来确定台站中跳变及野值出现的位置，并结合 GESD 算法将跳变从初始跳变列表中剔除，获得拟合参数解。小波变换的优点在于可以覆盖整个频域，实现上具有快速特性，可以有效地从信号中提取信息，是非平稳信号处理的重要工具。

9.3.3 传统最小二乘拟合法

最小二乘拟合法作为一种周期性信号传统的拟合方法一直得到广泛应用，它的主要优点是简单易于实现，可以直观地解释时间序列中线性趋势和季节性信号的幅度。在天文数据周期性信号处理中，最小二乘拟合法经常被应用于拟合时间序列中的线性趋势项和周期项，本节将该方法用于 GNSS 时间序列中的线性趋势项和周期项的拟合，其原理如下：

$$y(t_i) = h_0 + vt_i + \sum_{j=1}^{n} a_j \sin(2\pi f_j t_i) + b_j \cos(2\pi f_j t_i) + \delta(t_i) \tag{9.18}$$

式中，t_i 是观测历元；h_0 是一常量，表示初始偏移量；v 是恒定的速度；a_j 和 b_j 分别表示周期项的系数；f_j 表示周期频率；$\delta(t_i)$ 表示噪声项。当仅考虑线性趋势以及周年和半周年信号时，矩阵 A 的具体形式如下式：

$$a_i = \begin{bmatrix} 1 & t_i & \sin(2\pi t_i) & \cos(2\pi t_i) & \sin(4\pi t_i) & \cos(4\pi t_i) \end{bmatrix} \tag{9.19}$$

未知量 x 的具体形式如下：

$$x = \begin{bmatrix} h_0 & v & a_1 & b_1 & a_2 & b_2 \end{bmatrix} \tag{9.20}$$

最小二乘法拟合周期性信号是通过最小化每个历元时刻的观测值和预测值之差的平方和最小来求解未知数的。最小二乘拟合法的主要优点是易于实现，并且可以直观地解释线性趋势项和季节性周期信号振幅，但是，最小二乘拟合法只能从数据时间序列中获取恒定振幅和相位的周期性信号，数据时间序列中存在的长期趋势项信号和时变振幅周期信号可能被错误地识别为线性趋势。

9.3.4 PCA 方法

主成分分析 (PCA) 方法是考察多个数值变量之间相关性的一种多元统计方法，通过少数几个主成分分量来解释多变量方差/协方差结构，导出少数几个互不相关的主成分分量，并且尽可能多地保留原始变量的信息。PCA 方法实质是采用降维的思想，通过将高维数据降为低维数据，能够更直观更清晰地看到数据结构，以减少系统所需检测输入变量的数目，丢弃原变量存在线性组合的次要成分，保留最重要的线性组合。若选择保留所有的线性组合 (线性组合数目不会明显地增大数据矩阵的秩)，那么次要成分则代表了线性组合的有用信息。第一个主要成分指向输入数据矩阵最大特征向量，第二个主要成分则是垂直于第一个主要成分，指向第二大特征向量，第三个主要成分以此类推。因此，主成分的确定可以简化为关于输入数据矩阵的特征值/特征向量问题，主要成分的次序由相应特征值的取值大小决定 (郑海刚等, 2013)。

近年来，PCA 方法在评价排序、特征提取、图像处理、图像分类、模式识别和图像压缩等多种应用中起到了重要的作用 (郑海刚等, 2013)。评价排序利用 PCA 方法去除数据之间的相关性，将多元数据简化为几个主成分，进而更快更有效地进行评价和排序。通过 PCA 方法简化复杂模型，提取事物的主要特征元素，过滤掉那些代表性弱的特征项从而达到降维的目的。模式识别是 PCA 方法的另一个重要应用，通过降维，把不利模式识别的高维数据，通过 PCA 方法提取出其内部结构特征，即所谓"模式"，当有新的图像需要识别时，只需要在主成分空间对该图像进行分析，就可得到新图像与原图像集的相似度，从而实现识别。图像处理基于 PCA 方法的降维思想，首先对源图像的多维数据进行处理，提取前几个主成分，再经下采样过程得到近似图像，然后通过上采样得到细节图像，最后将近似图像和各个细节图像累加，完成图像重构，实验证明，该方法不仅可以获得较好的图像重构，还可去噪，而且能够保持全色图像和多光谱图像的光谱信息和空间信息。图像分类则是将 PCA 算法和线性判别 (linear discriminant analysis, LDA) 算法的特征空间相融合，将原始图像投影到 PCA-LDA 算法的融合颜色特征空间中，进行图像分类，该方法去除了图像的 R、G、B 间相关性，去掉了原始图像中的大量冗余信息，改善了光照敏感性，分类准确度高。图像压缩通过 PCA 方法处理原始图像集得到其主成分，再利用主成分的特征向量进行图像复原变换，就得到一个降维的图像，达到压缩图像的目的，该方法是一种有损压缩，但保持了原始图像中最"重要"的信息，是一种重要且有效的图像压缩方法 (张晶, 2018)。

PCA 计算原理主要包括下面几个方面 (张晶等, 2019)。

1. 降维思想

PCA 采用的是降维的思想, 即将原有的多个属性转化为少数几个综合属性, 已有的属性通过适当的线性组合变换成相互独立的新属性成分,让数据本身体现出 "空间响应均匀分布" 的特性。主成分分析方法的数学原理和具体计算步骤如下所述。

设 X 是一个 $m \times n$ 的数据矩阵, x_i 为其矩阵元素, 将 X 视为 n 个 m 维点的集合 (对坐标残差序列来说, n 代表台站数, m 代表时间序列), 寻找一个 k 维空间 ($k < n$), 使得原始数据点与 X 内所有数据点在 k 维中的空间投影点最接近, 从而可以用得到的这些投影点来描述 m 个原始数据点, 保证信息损失最小。

当 $k = 1$ 时, 挑选一条过原点的直线, 使原始数据点与到该直线上的投影最接近, 记该直线为 L_1, 其单位向量为 μ_1, 则 x_i 到 L_1 的投影为 $x_i^{\mathrm{T}} \mu_1$, 所谓接近的准则是误差平方和 $\sum_{i=1}^{n} \left\| x_i - (x_i^{\mathrm{T}} \mu_1) \mu_1 \right\|^2$ 达到最小。利用几何勾股定理有

$$
\sum_{i=1}^{n} \left\| x_i - (x_i^{\mathrm{T}} \mu_1) \mu_1 \right\|^2 = \sum_{i=1}^{n} \left(\left\| x_i \right\|^2 - \left\| x_i^{\mathrm{T}} \mu_1 \right\|^2 \right)
$$

$$
= \sum_{i=1}^{n} \left\| x_i \right\|^2 - \sum_{i=1}^{n} \left\| x_i^{\mathrm{T}} \mu_1 \right\|^2 \tag{9.21}
$$

由于 $\sum_{i=1}^{n} \left\| x_i \right\|^2$ 固定, 上式的最小化问题即使 $\sum_{i=1}^{n} \left\| x_i^{\mathrm{T}} \mu_1 \right\|^2$ 最大化, 利用矩阵表示则是: 求 u 使得 $u^{\mathrm{T}} X^{\mathrm{T}} X u$ 最大。由于二次型极值的性质, 最大值就是 $X^{\mathrm{T}} X$ 的最大特征值 λ_1, 达到这个最大值的 u 就是 λ_1 所对应的特征向量 u_1, 由此决定的 L_1 就是对数据具有最优拟合的一维空间。

然后进行二维空间拟合, 求一个与 u_1 正交的单位向量 u_2, 由 u_1 和 u_2 产生二维空间, 作 m 个点到这个二维空间的投影, 使得这些投影点与原始数据点最接近, 满足 $u_1^{\mathrm{T}} u_2 = 0$ 的单位向量 u_2 使得 $\sum_{i=1}^{n} \left\| x_i - (x_i^{\mathrm{T}} \mu_1) \mu_1 - (x_i^{\mathrm{T}} \mu_2) \mu_2 \right\|^2$ 达到最小。同样由几何勾股定理:

$$
\sum_{i=1}^{n} \left\| x_i - (x_i^{\mathrm{T}} \mu_1) \mu_1 - (x_i^{\mathrm{T}} \mu_2) \mu_2 \right\|^2 = \sum_{i=1}^{n} \left(\left\| x_i \right\|^2 - \left\| x_i^{\mathrm{T}} \mu_1 \right\|^2 - \left\| x_i^{\mathrm{T}} \mu_2 \right\|^2 \right)
$$

$$
= \sum_{i=1}^{n} \left\| x_i \right\|^2 - \sum_{i=1}^{n} \left\| x_i^{\mathrm{T}} \mu_1 \right\|^2 - \sum_{i=1}^{n} \left\| x_i^{\mathrm{T}} \mu_2 \right\|^2 \tag{9.22}
$$

上式达到最小即是 $\sum\limits_{i=1}^{n}\left\|x_i^{\mathrm{T}}\mu_2\right\|^2$ 达到最大，同理可得，u_2 即为 $X^{\mathrm{T}}X$ 的第二大特征值所对应的特征向量。

依此类推，若设 $X^{\mathrm{T}}X$ 的特征值 $\lambda_1 > \lambda_2 > \cdots > \lambda_k > 0$，则其对应的标准正交特征向量分别为：$u_1, u_2, \cdots, u_k$，可以得到结论：对任意 $k(0 < k < n)$ 在所有可能的 k 维子空间中时，以 $X^{\mathrm{T}}X$ 的前 k 个标准正交特征向量 $u_1, u_2, \cdots, u_k$ 张成的子空间，使 $x_1, x_2, \cdots, x_n$ 与其在子空间上的投影具有最小误差平方和。

2. 主成分对原始数据的恢复

记 $y_i = Xu_j(j = 1, 2, \cdots, k)$ 表示 X 的 k 个主成分，用矩阵表示为

$$Y = [y_1, y_2, \cdots, y_k] = XU \tag{9.23}$$

其中，$U = (u_1, u_2, \cdots, u_k)$，由于

$$Y^{\mathrm{T}}Y = U^{\mathrm{T}}X^{\mathrm{T}}XU = U^{\mathrm{T}}(U\Lambda U^{\mathrm{T}})U = \Lambda \tag{9.24}$$

主成分之间相互正交，且第 j 个主成分的模为 λ_j。由于特征向量 U 的正交性有 $X = YU^{\mathrm{T}}$，表示用主成分可恢复原始数据，若选择部分主成分对原始数据逼近，可以得到最优化近似为

$$x_i \approx \sum_{j=1}^{n} u_{ij}y_j, \quad i = 1, \cdots, k \tag{9.25}$$

对任意的 $p(1 < p < k)$，逼近误差平方和：

$$d_p \triangleq \sum_{i=1}^{k}\left\|x_i - \sum_{j=1}^{p} u_{ij}y_j\right\|^2 = \sum_{i=1}^{k}\|x_i\|^2 - \sum_{i=1}^{k}\sum_{j=1}^{p}(\sqrt{\lambda_j}u_{ij})^2$$

$$= \mathrm{tr}(X^{\mathrm{T}}X) - \sum_{j=1}^{p}\lambda_j\sum_{i=1}^{k}u_{ij}^2 = \sum_{i=1}^{k}i - \sum_{j=1}^{p}\lambda_j = \sum_{j=p+1}^{k}\lambda_j \tag{9.26}$$

式中，$\mathrm{tr}(X^{\mathrm{T}}X)$ 表示数据 X 的总变差；λ_j 表示主成分 y_j 对数据 X 的变差贡献；$\sum\limits_{j=1}^{p}\lambda_j$ 表示前 p 个主成分对数据 X 的总变差贡献率。从数据恢复损失信息最小来说，用主成分逼近是最优的。

3. 主成分计算

采用经典正交分解的方法计算主成分，首先要对数据矩阵 X 进行中心化处理，将数据矩阵 X 转化成一个列均值为 0 的中心化矩阵；计算数据矩阵 X 的协方差阵 B 的特征值 $\lambda_1 > \lambda_2 > \cdots > \lambda_k > 0$ 及其对应的标准正交特征向量 $u_1, u_2, \cdots, u_k$，B 矩阵及其谱分解表示为

$$B = X^{\mathrm{T}}X = U\Lambda U^{\mathrm{T}} \tag{9.27}$$

其中, $U = (u_1, u_2, \cdots, u_k)$; $\Lambda = \mathrm{diag}(\lambda_1, \lambda_2, \cdots, \lambda_k)$。计算主成分对总变差的累积贡献率:

$$\alpha_p \triangleq \frac{\sum\limits_{i=1}^{p} \lambda_i}{\sum\limits_{i=1}^{k} \lambda_i} \tag{9.28}$$

与已选定的累积贡献率 c 进行对比, 确定使 $\alpha_p > c$ 的最小 p; 计算 p 个主成分:

$$y_j = Xu_j, \quad j = 1, 2, \cdots, p \tag{9.29}$$

对 GNSS 残差时间序列组成的时空矩阵 X (m 个历元 n 个站点组成的 $m \times n$ 阵, 不失一般性, 设 $m > n$) 进行经典正交分解或奇异值分解, 获取协方差矩阵 B 的特征向量阵 U 和特征值对角阵 Λ, 其中 U 和 Λ 均为 $n \times n$ 阵。主成分 Λ 阵表示为

$$X(i,j) = \sum_{k=1}^{n} a_k(i)u_k(j), \quad i = 1, 2, \cdots, m, \quad j = 1, 2, \cdots, n \tag{9.30}$$

对特征值对角阵 Λ 进行降序排列并相应重排主成分以及特征向量, 通过探查每个主成分特征向量的空间响应, 选择特征向量具有空间统一响应的主成分来进行分析。

9.3.5   SSA 方法

奇异谱分析 (SSA) 方法是一种数据驱动技术, 可以有效分析含有噪声的时间序列数据, 是时间序列中常用的分析与预测技术, 它可以将时间序列分解为多个独立的成分, 对数据信号进行时域和频域特征分析, 从包含噪声的时间序列中识别和提取尽可能多的有用信息, 包括长期趋势项和周期振荡成分 (王解先, 2013)。奇异谱分析方法的一个重要特征是, 它不需要先验知识来事先了解影响时间序列的动力学因素, 便可以提取具有显著振荡行为的信号分量, 并且周期信号的振荡可以在幅度和相位上进行调制, 研究表明, 采用奇异谱分析方法进行测站非线性运动建模有很好的自适应性, 且建模精度较高 (程鹏飞等, 2017)。奇异谱分析方法的过程包括信号分解和重构, 利用时间主成分和时间经验正交函数展开各分量, 可以获得对应于各频率振荡信号的重构分量序列, 从而达到提取有用信息和过滤噪声的目的 (姜卫平等, 2010)。下面介绍奇异谱分析方法原理及其周期项探测和趋势项判断方法 (李秋霞, 2020)。

对于给定的一个数据长度为 N 的时间序列 $X = \{x_1, x_2, \cdots, x_N\}$，用长度为 M 的时间窗口滑动构造一个 $N' \times M(N' = N - M + 1)$ 的轨迹矩阵 D 和延迟协方差矩阵 C，分别如下所示：

$$D = \begin{bmatrix} x_1 & x_2 & \cdots & x_{M-1} & x_M \\ x_2 & x_3 & & x_M & x_{M+1} \\ & \vdots & & & \vdots \\ x_{N'-1} & x_{N'} & \cdots & x_{N-2} & x_{N-1} \\ x_{N'} & x_{N'+1} & & x_{N-1} & x_N \end{bmatrix} \tag{9.31}$$

$$C = \begin{bmatrix} c_0 & c_1 & \cdots & c_{M-2} & c_{M-1} \\ c_1 & c_2 & & c_{M-3} & c_{M-2} \\ & \vdots & & & \vdots \\ c_{M-2} & c_{M-3} & \cdots & c_0 & c_1 \\ c_{M-1} & c_{M-2} & & c_1 & c_0 \end{bmatrix} \tag{9.32}$$

其中，$c_j = \dfrac{1}{N-j} \sum\limits_{i=1}^{N-j} x_i x_{i+j}$, $0 \leqslant j \leqslant M-1$。

对协方差矩阵 C 进行奇异值分解，得到矩阵 C 的特征值 λ_k 和特征向量 E^k，$k = 1, 2, \cdots, M$。将特征值按从大到小排列，其特征值依次为 $d_1 \geqslant \cdots \geqslant d_M \geqslant 0$，对应的特征向量为 $U_1, U_2, \cdots, U_M$。记 $V_i = C^{\mathrm{T}} U_i (i = 1, 2, \cdots, M)$。其中 U_i 是矩阵的左特征向量，又称为时间经验正交函数 (temporal empirical orthogonal function，T-EOF)；V_i 是矩阵的右特征向量，又称为时间主成分 (temporal principal components，T-PC)。将分解后的矩阵重构为新序列，第 k 个分量的序列通过下面公式解算得出

$$x_i^k = \begin{cases} \dfrac{1}{i} \sum\limits_{j=1}^{i} a_{i-j}^k E_j^k, & 1 \leqslant i \leqslant M-1 \\[3mm] \dfrac{1}{M} \sum\limits_{j=1}^{M} a_{i-j}^k E_j^k, & M \leqslant i \leqslant N-M+1 \\[3mm] \dfrac{1}{N-i+1} \sum\limits_{j=i-N-M}^{M} a_{i-j}^k E_j^k, & N-M+2 \leqslant i \leqslant N \end{cases} \tag{9.33}$$

其中，$a_i^k = \sum\limits_{j=1}^{M} x_{i+j} E_j^k, 0 \leqslant i \leqslant N-M$。

在奇异谱分析中,如果时间序列 $X = \{x_1, x_2, \cdots, x_N\}$ 存在周期性信号,可以得到一对近似相等的特征值,这对特征值所对应的特征向量及时间主成分分别正交。然而在测站坐标时间序列分析中,由于观测数据离散并且长度有限,实际工作中很难完全满足这些要求 (汤文娟, 2018)。Vautard 和 Ghil 等对此提出了三个补充和修正的判据 (Vautard et al., 1989, 1992; Xu et al., 2010),分别为:① 对应特征值近似相等;② T-EOF$_k$ 和 T-EOF$_{k+1}$ 频率相近,即 $\left|\overline{E}^k(f)\right|^2$ 和 $\left|\overline{E}^{k+1}(f)\right|^2$ 达到最大值时的频率 f_k 和 f_{k+1} 之间的差值 $\delta f_k = |f_{k+1} - f_k|$ 非常小,即 $2L\delta f_k < 0.75$;③ $\left|\overline{E}^k(f)\right|^2$ 和 $\left|\overline{E}^{k+1}(f)\right|^2$ 足够大,这一对分量时间序列基本上可以反映出中间频率 $f^*(f_k < f^* < f_{k+1})$ 的波动成分,即 $1/L\left[\left|\overline{E}^k(f)\right|^2 + \left|\overline{E}^{k+1}(f)\right|^2\right] > 2/3$,意味着原始 (时间) 序列中中间频率 f^* 的振幅至少有 2/3 能被这一对分量时间序列所解释。其中 $\overline{E}^k(f)$ 代表对 T-EOF$_k$ 进行傅里叶变换,即 $\overline{E}^k(f) = \sum\limits_{j=1}^{L} E_j^k \mathrm{e}^{\mathrm{i}2\pi fj}$。

为了判断奇异谱分析过程中提取的成分是否为趋势项,可以利用 Kendall 非参数检验来识别某个重组成分 RC 是否属于趋势成分。例如,在考察第 k 个 RC 时,计算满足 $x_{i,k} < x_{j,k}$ 的指标数 K_r,构造统计量 τ,当 x_k 不是趋势成分的原假设成立时,τ 服从均值为 0、方差为 S 的正态分布,因此,若置信度 $\alpha = 0.05$,当样本 τ 值落在区间 $(-1.96S, +1.96S)$ 以外时,拒绝原假设,认为第 k 个 RC 是趋势成分,$\tau > 1.96S$ 和 $\tau < -1.96S$ 分别对应上升和下降趋势 (王解先等, 2013),其中,

$$\tau = \frac{4K_r}{N(N-1)} - 1 \tag{9.34}$$

$$S = \sqrt{\frac{2(2N+5)}{9N(N-1)}} \tag{9.35}$$

9.4 非线性特征分析结果

经过以上方法的综合分析,发现地球构造影响因素和地球非构造影响因素除对地球台站坐标的线性运动影响外,还存在以下非线性特征。

9.4.1 存在未标注跳变,以 GNSS 测站尤为突出

对四种技术的线性地球参考架确定后的坐标残差序列画图,可以明显看出还有一些测站特别是 GNSS 测站坐标残差存在跳变,见图 9.4,而这些跳变并未被

标注，从而使得跳变前后被认为是一致的，而没有被断开以重新估计历元参考坐标，这不仅影响坐标的估计还影响速度的估计，因此这个现象必须被解决。

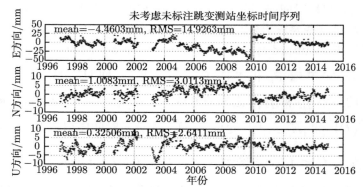

图 9.4　KATZ 测站坐标残差时间序列 (竖实线为未被标注的跳变时刻)

9.4.2　存在周期性信号，但各技术和测站表现周期性不全相同

利用傅里叶变换方法对 GPS 测站坐标时间序列中具有的周期项进行频谱分析，结果显示：GNSS 测站坐标时间序列中除了包含周年信号 (信号周期为 52 周) 和半周年信号 (信号周期为 26 周) 之外，部分测站还存在周期为 34 周和 20.8 周以及 17.3 周的非线性周期性信号。GNSS 测站坐标残差时间序列中存在不同周期性信号，在构建地球参考架时若没有考虑这些非线性周期性信号的影响，会对地球参考架模型的解算精度和稳定性造成很大不利影响。以 KUNM 站为例，对 KUNM 站坐标时间序列进行傅里叶分析，如图 9.5 所示，结果发现，其 x、y 和

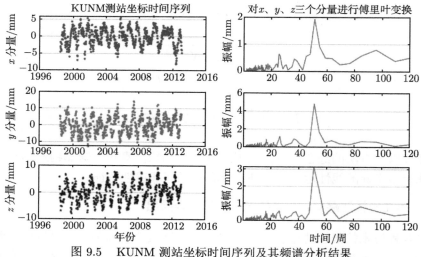

图 9.5　KUNM 测站坐标时间序列及其频谱分析结果

z 三个方向的坐标残差时间序列除了具有非常明显的周年信号和半周年信号，还具有 34 周和 17.3 周的周期性信号。而 DAEJ 测站 x、y 和 z 三个方向的坐标残差时间序列中仅具有非常明显的周年信号和半周年信号，并且周年信号占最大比例。还有些测站没有周期性，主要集中在 SLR 和 VLBI 测站残差时间序列。

9.4.3 存在时变振幅周期性信号

利用最小二乘 (least squares，LSQ) 构造正弦或余弦函数的形式来拟合时间序列中存在的周期性信号时，发现往往拟合不好，原因是此方法仅仅适用于拟合具有固定振幅和相位的周期性信号。然而，实测的 GNSS 测站坐标时间序列中的周期性信号，其振幅和相位往往是随时间变化的，这时若继续利用最小二乘法拟合这些时变振幅周期性信号时，拟合效果比较差，存在较大的误差。因此，采用奇异谱方法拟合，可以提取具有显著振荡行为的信号分量，并且周期信号的振荡可以在振幅和相位上进行调制，适合本书所研究对象，以 CHUM 测站为例，如图 9.6 所示，奇异谱分析方法明显比最小二乘法拟合好。

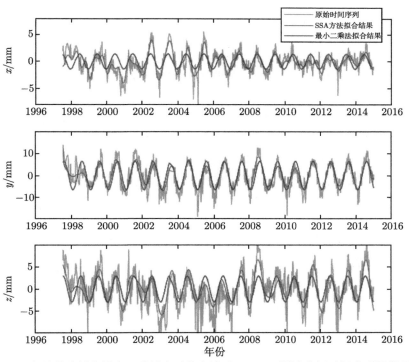

图 9.6 奇异谱分析和最小二乘拟合两种方法对 CHUM 测站坐标时间序列周期项的拟合结果比较 (彩图见封底二维码)

9.4.4   存在共模误差，欧美地区表现尤为突出

经过台站坐标时间序列中东西、南北和垂向三个分量主成分分析得到的空间向量，表示的是时空数据的空间响应特征，发现欧洲区域第一主分量具有符号一致性和空间均匀分布的特征，而第二主成分的空间向量响应则相对杂乱，符号表现出随机性，在台站上的响应相差较大，其他主成分与第二主成分的空间响应具有类似随机性特征。基于共模误差空间响应一致性的特征，只有第一主成分的空间响应与之相符，第一主成分占坐标残差数据的主导地位，因此可将第一主成分相应的坐标值作为共模误差。北美区域和欧洲区域结果相似，均体现了第一主成分的共模误差特性。而亚洲区域台站分布相距较远，相差较大，东西、南北和垂向三个方向的共模误差贡献率相对来说略显杂乱，但基本趋势保持一致。证明了主成分分析法对于共模误差提取的有效性，符合共模误差的特性，即随着距离的不断增大而逐渐降低。为了明确主成分分析方法中得到的共模误差的频率成分，并分析共模误差产生的主要机制，采用傅里叶变换来分析共模误差中的所有频率成分，分析表明欧洲区域三个方向的第一主成分分量均存在明显的一年周期项信号，即区域 GNSS 台站坐标残差序列存在明显的共模误差，并且表现出明显的周年项。而这个共模误差的机制还有待进一步确认，目前可能有如下原因。

(1) 数据处理误差。在估计台站坐标、轨道坐标等参数时，引入的对流层天顶延迟、大气梯度参数估计、GNSS 接收天线相位中心模型误差等造成的数据处理误差。

(2) 海潮误差。由潮汐频率和 GNSS 卫星轨道频率之间差异引起的长周期影响导致的海潮改正误差放大和海潮模型本身的误差。

(3) 系统差。GNSS 观测技术本身系统差引起的误差。

(4) 未被考虑的共性运动如震后形变。通过其他资料分析发现，线性 STRF 地球参考架没有考虑非线性的周期运动和震后形变，而这些信息就包含在了台站坐标的残差序列中。

(5) 其他地球物理因素，如大气负荷、非潮汐海洋负荷、积雪质量负荷和土壤水质量负荷影响等。

9.5   非线性特征建模

9.5.1   非线性特征建模调研

在非线性建模前，调研了国内外最新进展，主要包括考虑同震和瞬态运动的地壳运动速度三维模型建立、多种数据源获取精确三维速度场、TRANS4D 软件给出的阶段三 (stage-3) 速度、地球物理机制研究、GNSS 时间序列盲源分离问题

等 (Snay et al.,2016; Bottiglieri et al., 2007; Choudrey et al., 2003; Gualandi et al., 2016; McCaffrey et al., 2000)，下面给予简单介绍。

1. 考虑同震和瞬态运动的地壳运动速度三维模型建立

美国与加拿大境内的地壳运动速度三维模型建立方法值得借鉴，他们考虑了同震、瞬态运动包括周期性运动特征参数等的构造和非构造运动影响,给出的三维地壳运动速度描述的是过去几十年的平均速度，其中水平速度场相对于以往研究更加完善，但总体上与过去大部分地区结果相似，而垂直速度场则是全新的，这里某一位置的垂直速度通常是相对于地心椭球而言的，其大小和形状来源于 1980 版大地测量参考系统 (Geodetic Reference System of 1980)。他们研发了 TRANS4D 软件，目的在于能够让相关研究人员获得跨时域变化的三维地理坐标。软件考虑了冰融化等因素引起的三维速度场变化 (通过近期发布的 ICE-6G_C(VM5a) 模型估算得到)，从总的三维速度场中去除，从而可研究剩余速度场的物理机制。这项研究特别引入了 NA_ICE-6G 参考架，该参考架中除南得克萨斯外，其余西经 104° 以东、北纬 60° 以南所有地区的剩余水平速度值都小于 2mm/a。两个分界线以西及以北地区剩余水平速度的值相对较大，主要是由于其他一些地球物理现象导致这些地区构造板块之间的相互作用。而在阿拉斯加东南部地区剩余垂直速度较大，有些甚至超过了 30mm/a，这里的上升值主要是由一些形成于公元 1550 年到公元 1850 年的冰川融化所致。

2. 多种数据源获取精确三维速度场

Snay 等在研究美国和加拿大地壳运动时尽可能地收集了该地区相关数据，包括来自 4300 多个 GPS 基准站的重复测量、三边测量和 VLBI 重复测量等，同时，还采用了 IGS 每周 SINEX 解、NGS 连续运行参考站点 (Continuously Operating Reference Station，CORS)GPS 解、遍布世界各地的 IGS 区域连续 GPS 监测站点解、加拿大自然资源 (Natural Resource Canada，NRCan) 提供的加拿大境内连续监测站解及区域多次重复 GPS 观测站解、JPL 和 SIO(Scripps Orbit and Permanent Array Center，SIO) 于 2013 年 6 月联合发布的板块边界连续监测 GPS 站点速度、McCaffrey 等提供的坐落于美国大陆西北部地区连续监测和多次重复监测 GPS 站点速度、南加利福尼亚地震中心 (Sourthern California Earthquake Center，SCEC) 提供的南加利福尼亚地区的 GPS 连续监测和多次重复 GPS 站点速度及加利福尼亚州的三边测量数据 (由美国地质调查局主导实施) 和 VLBI 数据 (由美国国家航空航天主导实施) 得到的测站速度、阿拉斯加大学费尔班克斯分校 (University of Alaska Fairbanks，UAF) 提供的阿拉斯加地区的连续 GPS 站点及重复 GPS 站点速度。在这 4925 个站点中大约有 4300 个站点位于美国和加拿大，其余站点遍布世界各地。大量不同的数据源是正确进行构造运动、非构造运动及非线性运动研究的基础。

3. TRANS4D 软件给出的阶段三 (stage-3) 速度

TRANS4D 软件通过已知测点速度场建立模型可以估测其他测点的速度场，针对中国密集的丰富空间大地测量数据，也有望得到阶段三 (stage-3) 速度，但在多种数据源解融合中，要注意基于非常相似的测地数据集得到的速度场不是独立的，相关性很强，处理时可仿照 GNSS 技术内综合或者参考架转换给出自洽统一的速度场 (王小亚等，2002)。如果所有速度解都从原始观测数据出发统一计算就可避免此问题。另外，由于不同机构给出的站点速度是经过不同软件计算获得的，其模型误差、所在地球参考架等可能不一致，因此，就要注意不同来源速度场解是否真正在同一地球参考架，如果不是，需要进行参考架转换统一后才能进行地壳运动研究和非线性特征建模 (王小亚等，2002)。

4. 地球物理机制研究

在垂直方向，TRANS4D 速度模型反映出一个事实，即末次盛冰期 (LGM) 冰融化而普遍存在的冰川均衡调整现象。这一与冰川均衡调整相关的运动，在加拿大大部分地区是上升的，而在美国大陆北部中央是下降的，上升比例最大值发生在阿拉斯加东南部 (southeastern alask)，大约 30mm/a，这里的上升主要是由小冰期 (little ice age，LIA) 形成的冰川持续消失 (ongoing deglaciation) 而导致的冰川均衡调整。在圣劳伦斯河口 (the Mouth of the St. Lawrence River) 以及艾伯塔 (Alberta) 省、萨斯喀彻温省 (Saskatchewan) 和拉布拉多河 (Labrador) 附近的残余三维速度显示，ICE-6G 模型可能错误地估测了这些地区在末次盛冰期冰原存在的历史。

5. GNSS 时间序列盲源分离问题研究

通过空间大地测量技术研究地壳运动时间序列的一个关键突破是，随着数据驱动方法的发展，产生机制不同的形变都可以通过空间域和时域来描述，从而获取时间序列中含有的主要信息源。然而它无法解决在恢复和分离生成观测数据的原始源时的盲源分离 (blind source separation，BSS) 问题，这主要是由主成分分析方法在寻找使得投影数据不相关的新欧几里得空间时，将 L2 norm(X^2) 计算的误差最小化引起的。独立元分析法 (independent component analysis，ICA) 是当前处理 BSS 问题的主流技术，但独立条件不容易控制，且需要引入一些近似值。为了解决这个问题，即使是在缺少数据的情况下，他们还是尝试了使用修改的变种贝叶斯独立元分析法 (variational Bayesian ICA，vbICA) 来恢复多个地壳形变源。变种贝叶斯独立元分析法使用混合高斯分布 (mix of Gaussian distributions) 对每一个信号源的概率密度函数 (probality density function，PDF) 进行建模，使得相对于标准独立元分析法对信号源概率密度函数的描述更加灵活，并可给出更可靠的结果，将其应用于模拟活跃断层附近形变产生的复合 GNSS 位置时间序列，包括震时 (inter-seismic)，同震 (co-seismic) 和震后 (post-seismic) 信号，加上季节性信号 (seasonal signal) 和噪声 (noise)，以及额外的与时间相关的火山源。对主成分分析和独立元分析分解技术在数据解析和恢复原始源方面的能力进行了评估，发现在使用同等数量的独立条件时，vbICA 法几乎和主成分分析法一样很好地对数据进行了拟合，而 X^2 相比主成分分析法只增加了不到 10%。不同于主成分分析的是，当数据相关性较低 (< 0.67) 且测地网络足够密集时，vbICA 算法正确地分离出了原始源。

构造运动除了大的板块运动外，还包括同震、震后滑动、慢滑动事件和震前滑动事件。慢滑动事件即地震探测仪没有探测到但却具有可观的地震矩且比常规地震持续时间更长。震后滑动、慢滑动事件和震前滑动事件都是瞬时形变 (transient deformation)，通常，瞬时形变信号是由于"地壳中压力的无周期、无规则的积累"，其起源可能是构造相关的 (如地震)，也可能是非构造相关的 (如潮汐负荷、水文负荷和人类活动等)。对断层瞬变事件 (transient event) 的探测和刻画是构造大地测量学 (tectonic geodesy) 的重要基础，对地震危险性评估也将具有重要的启发意义，近年来已经发展出了相关的一些研究方法。例如，Lohman 和 Murray 就曾经对其中一些不同方法的结果进行了描述，从目视检查 (visual inspection) 到精确图像处理技术 (refined image processing technique)、主成分分析技术、基于空间基函数的卡尔曼滤波 (Kalman filtering with spatial basis function) 以及时空相关性分析 (space-time correlation) 等，并且已经在 SCEC 盲源瞬态检测项目 (SCEC Blind Source Transient Detection Project) 中得以应用。

当前已有的用于地表位移时间序列数据分析的方法可分为两类。第一类为经典最佳参数估计技术，即根据用于解释数据的预先确定模型 (pre-determined model) 来估计模型中的各种参数，其中预先确定模型包含一系列用来描述观测量时间演变的过程分析函数 (analytic function)，这些不同函数的线性组合可得到时间序列的最终模型。一般来说，最常使用的模型至少需要考虑到以下几种贡献：线性趋势 (linear trend)、周期性和季节性的信号以及偏移 (包括仪器偏移和同震偏移)，还需要支持添加其他的一些函数形式，从而用以描述额外的瞬时信号 (例如额外的指数或对数函数用来描述震后衰减)。这类方法的一个显著优点是每一个贡献都与一种已知的物理过程有关，但人类更想要理解那些未知的东西，即还没有建立起完善预设模型的信号。将这些依赖于特定函数建立的确定性模型归结为经典最佳参数估计技术，这种技术依赖于一个既定模型，这个模型是由一系列的分析函数构成的，而使用它的人需要做的就是给这些分析函数最适合的参数值。例如，Riel 等在 2014 年提出了使用非正交函数来模拟地表位移，自动探测瞬时信号

(即 "线性＋周期＋偏移") 之外信号的主时标和触发次数。本书前面章节讲述的传统最小二乘拟合法也属于此类方法。由于可供选择的基函数很广泛，所以其可以将瞬时信号重构为不同形态，考虑到时间序列一个接着一个，时间相关的彩色噪声可能导致整个时间序列上出现错误的探测结果。为了解决这个问题，可能需要引入空间稀疏加权法 (spatial sparsity weighting approach)。第二类为时间序列分析方法，可以减小时间相关性噪声，包括多元统计技术，其中最著名的是主成分分析方法。PCA、奇异谱分析 SSA、小波变换等，前页章节已讲，这里就不再赘述。

GNSS 时间序列中最常见的概率密度函数分布，包括线性趋势 (linear trend)、周年信号 (annual signal) 以及震后信号 (post-seismic signal)，显然这些源的概率密度函数不是高斯分布，所以无法通过某一个独立的主分量 (single PC) 来描述。因此，在面对这种混合源情况时，主分量描述的仅仅是观测数据之下真实物理源的组合，换言之，在这种情况下单独看某一个主要源是没有任何物理意义的。

为了能够对各个分量进行物理解释，需找到原始源信号从而尽可能少地使用假设是至关重要的，这就是盲源分离问题的根本目标。解决盲源分离问题最主流的方法之一是独立元分析法。这种多元分析技术仍然只适用于线性分解。然而，数据被投影到的坐标系其分量不再是相互正交 (orthogonal) 的，换句话说，独立变元 (independent components，IC) 构成了一个非正交 (non-orthogonal) 的参考系统。迄今为止只有少量将独立元分析法应用于测地数据 (geodetic data) 的文献可供参考，其中的一些例子包括：2007 年 Bottiglieri 等将 FastICA 算法应用到了位于那不勒斯 (Neapolitan) 火山地区的 cGNSS 网络，2012~2013 年 Forootan 和 Kusche 将修改版的 JADE 算法应用于 GRACE 数据。他们发现当数据集合的长度无限大时，通过对实验中的正交函数 (orthogonal function) 进行旋转 (rotating)，可以完美地从实验数据中分离出存在的趋势 (trend) 和正弦信号 (sinusoidal signal)。然而，正如之前所说，我们主要是想探测和刻画测地时间序列中的瞬态信号，如果瞬间信号的概率密度函数是非单峰的 (non-unimodal)，那么经典的独立元分析算法就不总是能够获得最佳的分解 (optimal decomposition)。在这种情况下，Choudrey 等 (2003) 提出的变种贝叶斯独立元分析法能够更灵活地解决 BSS 问题。

9.5.2　基于 PCA 的全球 GNSS 台站坐标残差时间序列非线性特征建模

1. 数据准备

根据 He 等 (2017) 利用 GNSS、SLR、DORIS 和 VLBI 四种技术多年的 SINEX 格式周 (日) 解以及全球并置站信息，引入方差分量估计加权方法，建立大型多种空间技术综合法方程系统，解算出了综合后的地球参考架和 EOP 时间序列。在此基础上，对自主研发的综合 STRF 软件进行了优化和自动化处理，生成了相对于 J2005.0 参考历元 (可改变) 的台站坐标时间序列和扣除线性项的台站坐标残差时间序列。

鉴于 GNSS 台站分布多而密集，就以 GNSS 台站坐标时间序列为例进行分析。由于主成分分析方法的核心步骤是对数据进行正交分解，而正交分解要求时空数据矩阵连续无间断，所以，本节选择 GNSS 台站坐标时间序列数据缺失低于 15%、数据跨度 10 年以上的代表性台站共 299 个，时间序列采样间隔为 7 天，分别对南北、东西和垂向三个方向进行了特征提取。在 GNSS 台站的全球分布上来看，北美洲和欧洲西部最为密集，赤道附近测站数量较少，南北半球分布不均，其中南半球测站数量明显少于北半球，而分析不同纬度地区的测站坐标残差时间序列规律，可使测站非线性运动规律分析的结论更具有普遍性 (张晶等, 2019)。

2. 数据预处理

经四种空间大地测量技术线性地球参考架融合处理后的坐标残差序列，部分 GNSS 台站残差坐标仍然存在明显跳变，这主要是由于 IERS 尽管提供了测站的非连续性记录，但是仍然有些测站的非连续性变化缺乏相关记录 (Altamimi et al., 2005, 2012)。另外还有可能是天线高异常变动或模型误差、周围环境变化或者某种地球物理现象影响如地震慢滑动事件等造成了这种跳变，这些跳变会影响模型解算的精度和可靠性 (张鹏等, 2007)。在分析 GNSS 台站坐标序列时，如果能够同时在时域和频域来研究其全貌和局部性质，就能从总体上把握信号，又能深入信号局部中分析信号的非平稳性，这样才能更加有效地探测 GNSS 台站坐标时间序列所含的非线性周期信息。因此，首先对选择的 GNSS 台站坐标残差时间序列进行预处理。小波分析具有局部化、多层次、多分辨率等优点，是用来处理非稳定信号的理想工具，不同的小波基具有不同的时频特征和非均匀分布的分辨率，在低频段采用高的频率分辨率和低的时间分辨率，而在高频段采用低的频率分辨率和高的时间分辨率，因此很适合用来分析变异信号。广义离群检测算法 (GESD) 可以探测跳变，并将探测出含有跳变的 GNSS 台站坐标周解从原始坐标时间序列中剔除。为此，利用 db4 对信号进行 2 层分解，结合 GESD 计算的跳变时间，从初始跳变列表中剔除，获得拟合参数解。对时间序列进行去趋势项处理以方便和正确研究该序列的周期性。下面分别以 AZCN、CHPI 和 BJFS 三个不同坐标残差序列为例进行介绍。

以 AZCN 台站为例，如图 9.7 所示，假设 AZCN 站在综合建立地球参考架时未考虑跳变，经过综合后得到的测站残差序列如图 9.7(a) 所示，这影响了台站坐标解算结果，特别是 2006~2010 年的结果，从图可以看出其三个分量仍然存在显著的线性项特征，为此，本节将该站在约化儒略日 55425.0 这一天前后的站坐标进行分段处理，去除趋势项和跳变，解算后得到的残差序列如图 9.7(b) 所示，其残差序列变得更平稳，其周期性分析更可靠 (张晶等, 2019)。

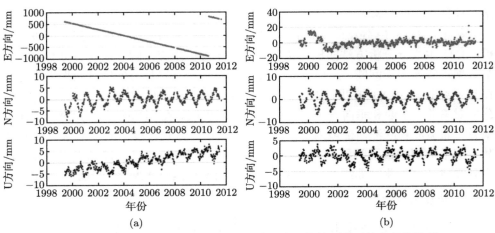

图 9.7　AZCN 站坐标残差序列图 (去除跳变和趋势项前后的分段线性项)

以 CHPI 台站为例，如图 9.8 所示，CHPI 台站坐标残差序列在东西方向上表现出明显的线性趋势项，这种异常的水平速度项可能与台站的稳定性有关，对比推测可能存在水平漂移运动，垂向坐标时间序列也存在较小的整体趋势，这可能与该地区的地下水变化、台站的稳定性和其他未知的本地效应有关。扣除线性趋势项后，整体变化和周期项信号更加突出，从而使后续的数据处理准确性得到提高和保障，如图 9.8(b) 所示。

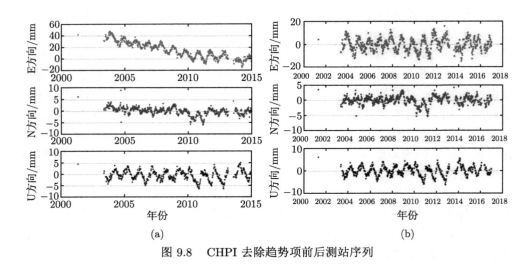

图 9.8　CHPI 去除趋势项前后测站序列

BJFS 站是研究中国及其邻近地区水平位移场的核心站之一，长期保持稳定，如图 9.9 所示。在 2015 年 12 月，南北、东西向存在小跳变，如图 9.9(a) 所示，扣除跳变后时间序列如图 9.9(b) 所示。从图可以看出，BJFS 站垂直方向的波动比水平方向要大，说明该站水平方向比垂直方向稳定，但是水平方向的线性变化趋势比垂直方向明显。经调研，推测该跳变可能是由接收机和天线更换及 GNSS 数据处理时卫星高度角截止角改变造成的。

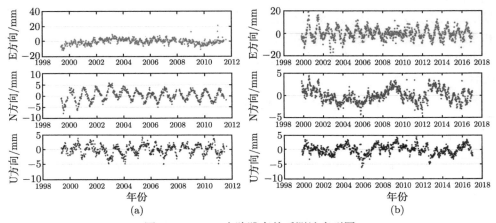

图 9.9　BJFS 去除跳变前后测站序列图

为完成主成分分析对时空数据矩阵的正交分解，需要对时间序列中缺失的数据按照缺失历元以最小二乘内插补齐，获取三组完整的初始时空数据矩阵。通过对选择的所有 10 年以上较连续 GNSS 台站坐标残差时间序列采用前面章节讲述的相关方法消去其中存在的跳变、线性趋势项和野值，弥补缺失历元数据，为非线性周期性特征探测和分析准备好 "干净" 和完整的数据。

3. 全球 GNSS 台站坐标残差时间序列主成分分析

对上面预处理后的三个方向坐标时空矩阵分别进行主成分分析，每组数据分别计算 299 个主成分、空间特征向量及主成分特征值。由于主成分分析方法的特性，在 GNSS 测站坐标时间序列中提取的主成分分量是独立的，因此可以对每个方向的每个分量进行特征提取。三个方向的贡献率及主成分统计见表 9.4，主成分对应的空间向量表示的是时空数据的空间响应特征——东西向、南北向和垂向的坐标时空矩阵第一主成分的 "贡献率" 分别达到：10%、12%、9%，第二主成分的贡献率达到：6%、7%、7%，其他主成分的贡献率更低。由此可见，排在前面的主成分占坐标残差数据的主导地位。E、N、U 三方向主成分累积贡献率见图 9.10，对各主成分分量进行傅里叶分析，提取其周期性特征，结果如图 9.11 ～ 图 9.13 所示，表 9.5 统计给出了所选台站三个方向各主成分的主要周期项。

　　所选的 GNSS 台站个数越多，数据长度越长，主成分分析法的特征提取准确性越高，通过对选取的 299 个 GNSS 台站进行主成分分析，并对结果进行傅里叶分析可以看出，大部分测站东向、北向和垂向残差序列的周期规律中均得出周年项是主要周期项，同时垂直方向第 1 主分量存在半年和季节性变化周期；另外北方向第 1 主分量、东方向第 4 分量也存在半年的周期项。幅度方面，东方向的幅值远大于另外两个方向，前三个主分量的周年项振幅依次为 41.7mm、25.9mm 和 11.2mm，说明 GNSS 测站主要表现出东西方向的位移。根据幅度值可以看出，三个方向各主分量的幅值基本符合从大到小的排列规律，与前面贡献率的值基本吻合。

表 9.4　三个方向主要分量的贡献率和累计贡献率

主分量	E(100%)		N(100%)		U(100%)	
	贡献率	累计贡献率	贡献率	累计贡献率	贡献率	累计贡献率
1	0.096408	0.096408	0.117426	0.117426	0.085731	0.085731
2	0.059567	0.155975	0.065548	0.182974	0.066578	0.152309
3	0.041058	0.197033	0.049285	0.232259	0.05479	0.207099
4	0.037368	0.234401	0.040879	0.273138	0.042049	0.249148
5	0.035111	0.269512	0.035854	0.308992	0.040391	0.289539

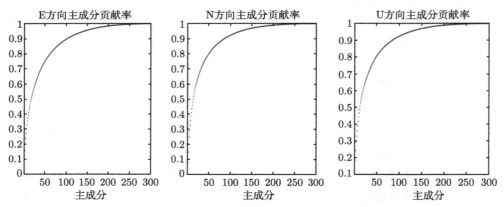

图 9.10　E、N、U 三个方向主成分累积贡献率

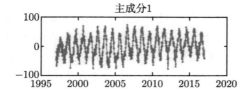

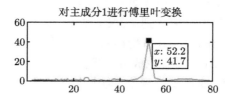

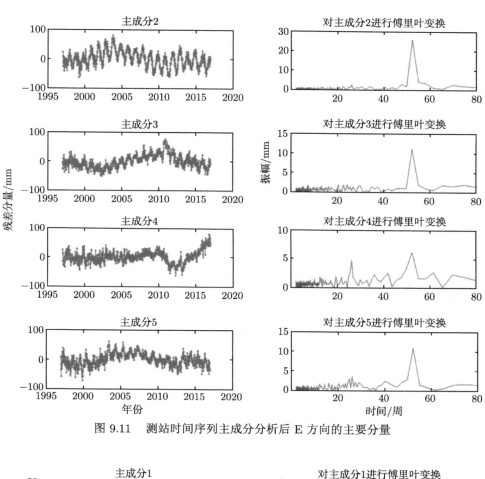

图 9.11 测站时间序列主成分分析后 E 方向的主要分量

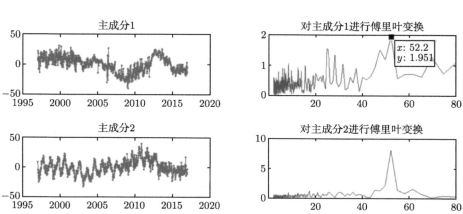

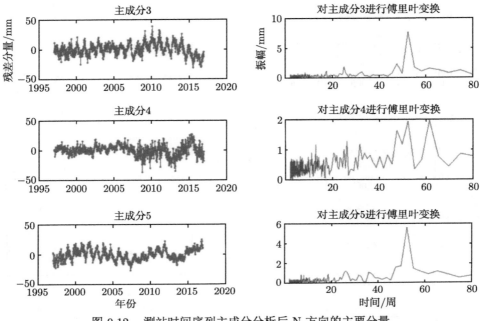

图 9.12　测站时间序列主成分分析后 N 方向的主要分量

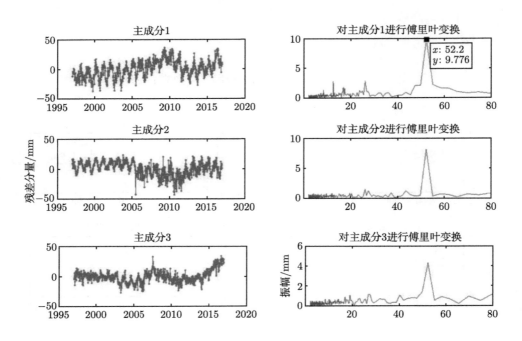

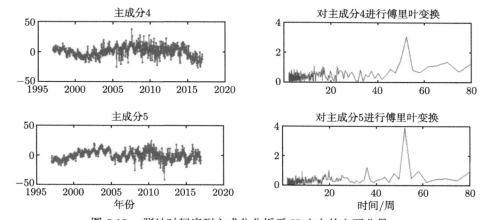

图 9.13 测站时间序列主成分分析后 U 方向的主要分量

表 9.5 测站周期信号及幅度

分量	方向		
	E	N	U
1	1 年 (41.7mm)	1 年 (2.0mm)、半年 (1.5mm)	1 年 (9.8mm)、半年 (2.9mm)、季 (2.8mm)
2	1 年 (25.9mm)	1 年 (8.0mm)	1 年 (8.1mm)
3	1 年 (11.2mm)	1 年 (7.7mm)	1 年 (4.3mm)
4	1 年 (6.2mm)、半年 (4.7mm)	61.4 周 (2.0mm)、1 年 (1.9mm)	1 年 (3.1mm)
5	1 年 (11mm)	1 年 (5.6mm)	1 年 (3.9mm)

从上面的分析可以看出，线性 STRF 地球参考架没有考虑非线性的周期运动和震后形变，因此，这些信息就包含在了台站坐标的残差序列中，从分析中可以看到，GNSS 台站坐标残差序列有明显的周年项和季节项，这些周期项可能是由以下原因引起的：地球物理现象如地球表面的物质随时间变化产生的负荷效应 (如海潮、大气潮汐效应、积雪、土壤水、海洋非潮汐影响、地表温度变化、陆地水和海洋环流等)、GNSS 数据处理误差 (如对流层天顶延迟估计误差、大气梯度估计误差、GNSS 接收天线相位中心模型误差等)、潮汐频率和 GNSS 卫星轨道频率之间差异导致的海潮改正误差放大和 GNSS 观测技术系统差等。

9.5.3 基于奇异谱分析方法的非线性特征建模

对台站坐标时间序列进行分析时，往往采用常振幅和相位模型估计其季节项振幅和相位，但实际的台站坐标季节项变化往往具有时变振幅特性，仅使用最小二乘拟合时间序列周期项不能满足实际数据分析的需要，故选择奇异谱分析方法实现了变振幅拟合台站坐标残差序列中的周期信号，结果表明，基于奇异谱分析的台站坐标非线性特征分析比最小二乘方法周期项拟合更符合台站坐标的非线性变化特征，台站坐标残差明显变小。图 9.14 是利用最小二乘方法拟合周期项结果，图 9.15 是利用奇异谱分析方法变振幅拟合周期项，结果显示第二种方法拟合效果更好。

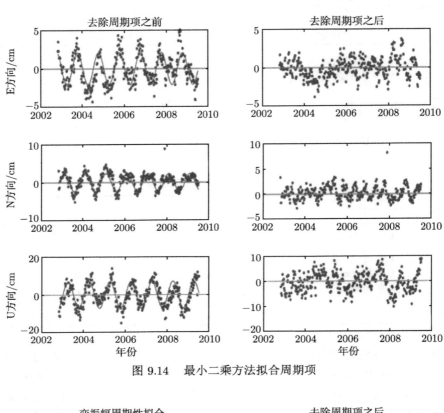

图 9.14　最小二乘方法拟合周期项

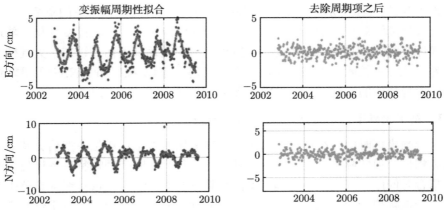

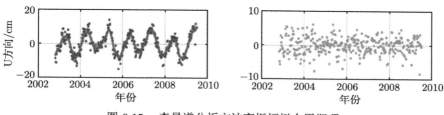

图 9.15 奇异谱分析方法变振幅拟合周期项

9.6 测站非线形特征提取和建模精度讨论

由于测站非线形运动影响因素繁多且复杂, 因此, 其提取和建模方法也多样, 有些方法适合某些特定影响因素或者特征的提取与建模, 因此, 需进行建模比对和提取结果分析。本章介绍的测站构造运动和非构造运动及其非线性信号提取方法、特征建模卓有成效, 残差明显下降。

测站非线性信号提取方法主要包括傅里叶变换方法、小波变换、传统最小二乘拟合法、主成分分析方法和奇异谱分析方法等。通过傅里叶分析方法对测站坐标残差时间序列进行了频谱分析, 发现 GNSS 测站坐标时间序列中一般包含周年信号 (信号周期为 52 周) 和半周年信号 (信号周期为 26 周), 但有些测站还存在周期为 34 周和 20.8 周以及 17.3 周的非线性周期项信号, 还有些测站没有周期信号, 主要集中在 SLR 和 VLBI 测站残差时间序列。利用奇异谱分析方法提取 GNSS 测站坐标时序中的时变振幅周期性信号, 比传统最小二乘法具有明显优势, 未来也许会出现更有效和更高精度的提取和建模方法, 这也是地球参考架精度和稳定性提高的途径之一。

第 10 章　毫米级非线性地球参考架构建与 EOP 结果分析

10.1　非线性地球参考架构建基本理论

非线性地球参考架是指考虑了非线性因素后建立的地球参考架，即在线性地球参考架基础上考虑震后形变和周期项误差修正。此时，测站在任一时刻 t^j 的三维坐标可以表示如下：

$$\begin{cases} x_c^i(t^j) = x_c^i(t^0) + (t^j - t^0) \cdot \dot{x}_c^i + \delta_{\text{psd}} + \delta_{\text{per}} \\ y_c^i(t^j) = y_c^i(t^0) + (t^j - t^0) \cdot \dot{y}_c^i + \delta_{\text{psd}} + \delta_{\text{per}} \\ z_c^i(t^j) = z_c^i(t^0) + (t^j - t^0) \cdot \dot{z}_c^i + \delta_{\text{psd}} + \delta_{\text{per}} \end{cases} \tag{10.1}$$

式中，δ_{psd} 和 δ_{per} 分别表示测站震后形变效应改正和周期性信号改正 (席克伟，2021)。

测站震后形变通常用指数函数或者对数函数或者其组合来表示其随时间的变化，对于对数型震后形变序列，即

$$L_i = A \lg \left(1 + \frac{t - t_i}{\tau} \right) \tag{10.2}$$

由于上式是非线性的，需利用泰勒展开进行线性化，才能获得公式中的参数 A, τ，所以这里采用泰勒展开将上式在某个初值 A_0, τ_0 处线性化，则

$$L_i = A_0 \lg \left(1 + \frac{t - t_i}{\tau_0} \right) + \frac{\partial L}{\partial A} \bigg|_{A_0} \mathrm{d}A + \frac{\partial L}{\partial \tau} \bigg|_{\tau_0} \mathrm{d}\tau + \cdots \tag{10.3}$$

式中，

$$\frac{\partial L}{\partial A} = \lg \left(1 + \frac{t - t_i}{\tau} \right)$$

$$\frac{\partial L}{\partial \tau} = -\frac{A(t - t_i)}{(\tau^2) \left(1 + \dfrac{t - t_i}{\tau} \right)}$$

忽略高阶项影响，并令

$$x = \begin{bmatrix} \mathrm{d}A \\ \mathrm{d}\tau \end{bmatrix}, \quad K^l = \begin{bmatrix} \dfrac{\partial L}{\partial A} \dfrac{\partial L}{\partial \tau} \end{bmatrix}, \quad y = \begin{bmatrix} L_i - A_0 \lg \left(1 + \dfrac{t - t_i}{\tau_0} \right) \end{bmatrix}$$

则可得

$$y = K^l x \tag{10.4}$$

利用最小二乘原理求解上式，即可得到 $(\mathrm{d}A, \mathrm{d}\tau)$ 的值，从而成功估计出所需对数型 PSD 的模型参数 A, τ。

同理，对于指数型震后形变序列，则有

$$L_i = A\left(1 - \mathrm{e}^{\frac{t-t_i}{\tau}}\right) \tag{10.5}$$

采用泰勒展开将上式在 (A_0, τ_0) 处展开，则

$$L_i = A_0\left(1 - \mathrm{e}^{\frac{t-t_i}{\tau_0}}\right) + \left.\frac{\partial L}{\partial A}\right|_{A_0}\mathrm{d}A + \left.\frac{\partial L}{\partial \tau}\right|_{\tau_0}\mathrm{d}\tau + \cdots \tag{10.6}$$

式中，

$$\frac{\partial L}{\partial A} = 1 - \mathrm{e}^{-\frac{t-t_i}{\tau}}$$

$$\frac{\partial L}{\partial \tau} = -\frac{A(t-t_i)\mathrm{e}^{-\frac{t-t_i}{\tau}}}{\tau^2}$$

忽略高阶项影响，并令 $x = \begin{bmatrix} \mathrm{d}A \\ \mathrm{d}\tau \end{bmatrix}, K^\mathrm{e} = \begin{bmatrix} \dfrac{\partial L}{\partial A}, \dfrac{\partial L}{\partial \tau} \end{bmatrix}, y = \left[L_i - A_0\left(1 - \mathrm{e}^{\frac{t-t_i}{\tau_0}}\right) \right],$
则可得

$$y = K^\mathrm{e} x \tag{10.7}$$

利用最小二乘原理求解上式线性方程组即可得到 $(\mathrm{d}A, \mathrm{d}\tau)$ 的值，从而成功估计出所需指数型 PSD 模型参数 A, τ 的最佳估值，这样就可求得式 (10.1) 中的 δ_psd。对数加指数型 PSD 模型

$$\delta L(t) = \sum_{i=1}^{n^l} A_i^l \lg\left(1 + \frac{t - t_i^l}{\tau_i^l}\right) + \sum_{i=1}^{n^e} A_i^e \lg\left(1 - \frac{t - t_i^e}{\tau_i^e}\right)$$

的系数矩阵求法与之类似，不再赘述。

至于测站周期性信号建模，将原来的线性模型加上周期信号一起估计，即换成下面的公式：

$$y(t_i) = h + v t_i + \sum_{j=1}^{n} a_j \sin(2\pi f_j t_i) + b_j \cos(2\pi f_j t_i) \tag{10.8}$$

式中, v 为线性趋势项; t_i 为历元时刻; n 为总的频率个数; a_j 和 b_j 为第 j 个周期项对应的振幅; f_j 为第 j 个周期项的频率。

当仅考虑周期项信号中周年信号和半周年信号时, 则有

$$y(t_i) = h + vt_i + a_1 \sin(2\pi t_i) + b_1 \cos(2\pi t_i) + a_2 \sin(4\pi t_i) + b_2 \cos(4\pi t_i) \quad (10.9)$$

为了对式中振幅等参数进行拟合, 对上式进行线性化:

$$y(t_i) = h_0 + v_0 t_i + a_1^0 \sin(2\pi t_i) + b_1^0 \cos(2\pi t_i) + a_2^0 \sin(4\pi t_i) + b_2^0 \cos(4\pi t_i)$$
$$+ \frac{\partial y}{\partial h} \mathrm{d}h + \frac{\partial y}{\partial v} \mathrm{d}v + \frac{\partial y}{\partial a_1} \mathrm{d}a_1 + \frac{\partial y}{\partial b_1} \mathrm{d}b_1 + \frac{\partial y}{\partial a_2} \mathrm{d}a_2 + \frac{\partial y}{\partial b_2} \mathrm{d}b_2 \quad (10.10)$$

则有待估参数向量:

$$x = \begin{bmatrix} h & v & a_1 & b_1 & a_2 & b_2 \end{bmatrix}^{\mathrm{T}} \quad (10.11)$$

系数矩阵:

$$A = \begin{bmatrix} 1 & t & \sin(2\pi t) & \cos(2\pi t) & \sin(4\pi t) & \cos(4\pi t) \end{bmatrix} \quad (10.12)$$

常数阵:

$$L = y(t_i) - (h_0 + v_0 t_i + a_1^0 \sin(2\pi t_i) + b_1^0 \cos(2\pi t_i) + a_2^0 \sin(4\pi t_i) + b_2^0 \cos(4\pi t_i))$$

利用最小二乘原理则可求出待估参数的改正量, 继而得到周年项、半年项, 即可求得式 (10.1) 中的 δ_{per} 值。

图 10.1 中, 红色为原始坐标残差序列, 蓝色为拟合出的坐标残差周期项序列, 黑色为扣除周期项后的残差序列。以 BJFS 站和 CHUM 站为例, 给出测站 U 方

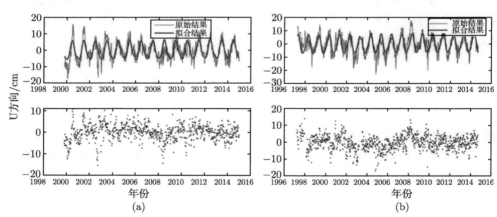

图 10.1　(a) BJFS 站和 (b) CHUM 站 U 方向周期项拟合结果 (彩图见封底二维码)

向周期项的拟合结果以及扣除周期项后的残差结果。从图中可以看出，两测站均具有明显的周期项，在扣除周期项后，残差显著减小且周期性效应减弱。由于传统的最小二乘拟合不具备奇异谱分析方法变振幅周期拟合特点，所以，在建立非线性地球参考架时，采用了奇异谱分析方法。

10.2 非线性地球参考架构建测试及结果分析

在考虑了地震震后形变改正后，利用 9.5.3 节奇异谱分析方法对测站坐标残差时间序列中的时变振幅周期项成分进行提取，并将提取结果引入我们自主研发的解算全球性综合地球参考架软件 (STRF) 中重新解算地球参考架，以消除这些周期性信号误差对地球参考架精度和稳定度的不利影响，解算了两组综合地球参考架及其相应 EOP 时间序列进行对比，这两组解为没有考虑测站坐标非线性周期性信号因素的线性综合解 (Linear STRF) 和考虑测站坐标时变振幅周期性信号影响的非线性综合解 (Non-linear STRF)，并对这两组解从地球参考架基准、站坐标与速度、综合 EOP 结果等不同角度进行了比较分析。

10.2.1 地球参考架基准结果分析

综合地球参考架基准原点是由 SLR 技术唯一确定的，尺度因子由 SLR 技术和 VLBI 技术两者加权平均确定。这里首先分析比较线性地球参考架解和非线性地球参考架解的平移参数时间序列和尺度因子时间序列结果变化，如图 10.2 和图 10.3 所示。其中非线性综合结果中尺度因子相对于 SLR 周解时间序列存在一个斜率为 -0.0221ppb/a 的线性趋势项，而相对于 VLBI 技术 24 小时解时间序列存在一个斜率为 0.0013ppb/a 的线性趋势项，表明两序列之间没有明显线性项。除此之外，对线性解和非线性解的平移参数和尺度因子 WRMS 值变化情况进行了统计分析，具体结果见表 10.1，从此表可以看出，在引入时变振幅周期性信号之后解算出的地球参考架，其平移参数和尺度参数精度有所提高，其中平移参数中 x 分量的 WRMS 值由 4.289mm 变化为 4.26mm，降低了 0.68%，同时平移 y 分量和 z 分量精度也略有提高，其 WRMS 值分别降低了 0.07% 和 0.01%。除此之外，非线性地球参考架中的尺度因子相对于线性地球参考架，其 SLR 和 VLBI 的 WRMS 值分别降低了 4.3% 和 2.8%，基准参数中尺度因子精度也有所提高，但是精度提高的程度不是特别明显，尤其是平移参数，原因可能是非线性周期性信号的处理和改进主要发生在 GNSS 测站，而 GNSS 技术并没有参与地球参考架基准即平移参数和尺度因子的确定，因此，解算结果中平移参数和尺度因子精度未得到特别明显的改进。

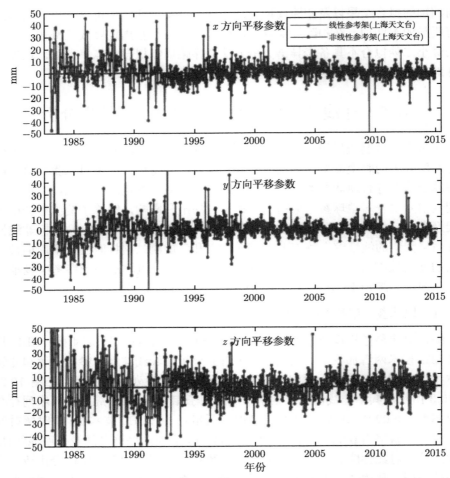

图 10.2　SLR 技术地球参考架周解相比于线性/非线性综合解的平移参数时间序列

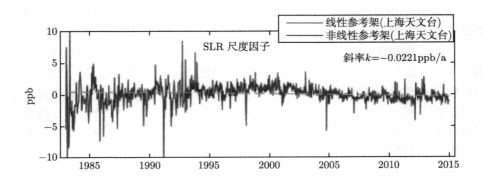

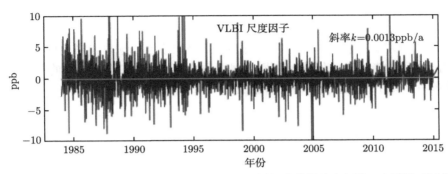

图 10.3　SLR 周解和 VLBI(日) 解相比于 STRF 线性/非线性综合解的尺度因子时间序列

表 10.1　STRF 线性解和非线性解的平移参数和尺度因子 WRMS 值的变化情况

基准参数	WRMS	
	线性 STRF	非线性 STRF
平移 x 分量/mm	4.2890	4.2600
平移 y 分量/mm	4.3400	4.3370
平移 z 分量/mm	7.4360	7.4350
尺度参数 SLR/ppb	0.8480	0.8110
尺度参数 VLBI/ppb	1.1250	1.0931

10.2.2　站坐标与速度结果及精度分析

为有效评估解算得到的非线性综合地球参考架中四种技术测站坐标和速度精度，将解算的线性/非线性综合地球参考架结果中的测站坐标和速度分别与国际上最权威、精度最高且应用最广泛的 ITRF2014 结果进行对比，给出了四种技术的全球测站坐标和速度估值与 ITRF2014 的较差统计结果，统计结果见表 10.2～表 10.5。表中结果表明，引入非线性信号重新解算出的测站坐标残差明显减小，测站坐标和速度精度有了明显提高，特别是对那些包含着非线性周期性信号的测站。将坐标和速度精度范围划分为 7 个区间，针对对比精度结果分布在不同精度区间内的测站数来进行精度评估，四种技术 GNSS/VLBI/SLR/DORIS 的测站坐标值和速度精度结果分布见图 10.4 ～ 图 10.7。从图可以看出，对于 GNSS 技术，测站坐标与 ITRF2014 结果比较，精度优于 1mm 的测站占 10.8%，测站速度比较结果精度优于 0.1mm/a 的测站占 4.4%，非线性地球参考架精度明显高于线性地球参考架精度，更多的测站精度位于高精度区，更少的测站精度位于低精度区。GNSS 测站中 44.5% 的测站坐标精度优于 3mm，47.5% 的测站速度精度优于 0.5mm/a。对于 VLBI 技术，测站坐标与 ITRF2014 结果比较，精度优于 1mm 的测站占 3.1%，测站速度比较结果精度优于 0.1mm/a 的测站占 3.1%，非线性测站坐标精度有所提高。其他两种技术 SLR 和 DORIS，目前还没有坐标和速度精度优于 1mm 和 0.1mm/a 的测站，但有坐标结果精度优于 3mm 的测站，分别占总测站 7.2% 和 3.9%，速度精度优于 0.5mm/a 的测站分别占 11.3% 和 4.5%，相对来说，DORIS 技术结果精度更低。整体结果表明，地球参考架模型 (STRF) 在 GNSS 测站考虑了非线性时变振幅周期项信号影响后，解算得到的非线性综合地球参考架模型精度得到了进一步提高。

表 10.2　非线性综合地球参考架 (STRF) 中 GNSS 技术测站坐标和速度 (与 ITRF2014 结果比较) 精度结果统计

坐标精度区间/mm	各区间分布所占比例/%	速度精度区间/(mm/a)	各区间分布所占比例/%
< 1	10.8	< 0.1	4.4
(1, 2)	19.6	(0.1,0.2)	12.7
(2, 3)	14.1	(0.2, 0.5)	30.4
(3, 5)	13.9	(0.5, 1)	18.1
(5, 10)	16.4	(1, 2)	14.5
(10,20)	11.1	(2, 5)	10.6
> 20	14.1	> 5	9.3

表 10.3　非线性综合地球参考架 (STRF) 中 VLBI 技术测站坐标和速度 (与 ITRF2014 结果比较) 精度结果统计

坐标精度区间/mm	各区间分布所占比例/%	速度精度区间/(mm/a)	各区间分布所占比例/%
< 1	3.1	< 0.1	3.1
(1, 2)	16.9	(0.1, 0.2)	13.8
(2, 3)	18.5	(0.2, 0.5)	33.8
(3, 5)	15.4	(0.5, 1)	21.5
(5, 10)	13.8	(1, 2)	9.2
(10, 20)	12.3	(2, 5)	16.9
> 20	20.0	> 5	1.5

表 10.4　非线性综合地球参考架 (STRF) 中 SLR 技术测站坐标和速度 (与 ITRF2014 结果比较) 精度结果统计

坐标精度区间/mm	各区间分布所占比例/%	速度精度区间/(mm/a)	各区间分布所占比例/%
< 1	0	< 0.1	0
(1, 2)	1.6	(0.1, 0.2)	0
(2, 3)	5.6	(0.2, 0.5)	11.3
(3, 5)	9.7	(0.5, 1)	27.4
(5, 10)	18.5	(1, 2)	12.9
(10, 20)	19.4	(2, 5)	25.0
> 20	45.1	> 5	23.4

表 10.5   非线性综合地球参考架 (STRF) 中 DORIS 技术测站坐标和速度 (与 ITRF2014 结果比较) 精度结果统计

坐标精度区间/mm	各区间分布所占比例/%	速度精度区间/(mm/a)	各区间分布所占比例/%
< 1	0	< 0.1	0
(1, 2)	2.2	(0.1, 0.2)	0.6
(2, 3)	1.7	(0.2, 0.5)	3.9
(3, 5)	12.2	(0.5, 1)	21.0
(5, 10)	29.3	(1, 2)	39.1
(10, 20)	28.2	(2, 5)	24.9
> 20	26.5	> 5	10.5

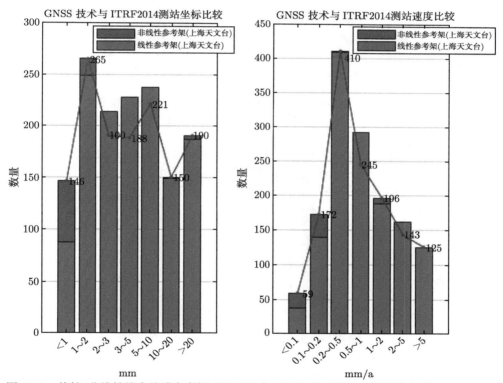

图 10.4   线性/非线性综合地球参考架 (STRF) 中 GNSS 技术测站坐标和速度 (与 ITRF2014 结果比较) 精度比较分布图

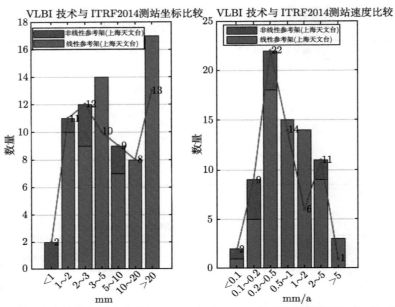

图 10.5   线性/非线性综合地球参考架 (STRF) 中 VLBI 技术测站坐标和速度 (与 ITRF2014
结果比较) 精度比较分布图 (彩图见封底二维码)

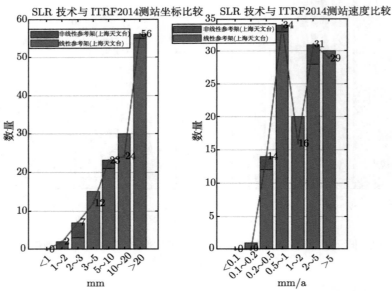

图 10.6   线性/非线性综合地球参考架 (STRF) 中 SLR 技术测站坐标和速度 (与 ITRF2014
结果比较) 精度比较分布图

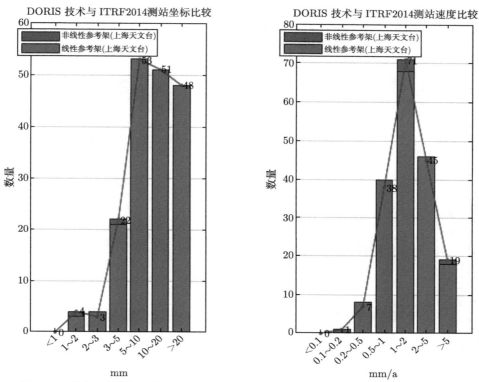

图 10.7 线性/非线性综合地球参考架 (STRF) 中 DORIS 技术测站坐标和速度 (与 ITRF2014 结果比较) 精度比较分布图 (彩图见封底二维码)

10.3 综合 EOP 结果及精度评估

在基于奇异谱分析方法确定了全球非线性综合地球参考架的同时，也综合解算了与之对应的 EOP，并对得到的综合 EOP 产品，与 IERS 14 C04 EOP 序列进行比较，获得 EOP 精度。图 10.8 给出了线性/非线性综合解中 EOP 与 IERS 14 C04 做差比较的时间序列结果，通过对比可以看出，线性/非线性两组综合解的结果基本一致，并且这两组解与 IERS C04 之间不存在明显偏差。表 10.6 列出了线性/非线性综合解中 EOP 结果与 IERS C04 比较的 WRMS 值变化情况，通过比较发现，引入测站非线性周期项信息后，极移、UT1−UTC 和 LOD 精度均有提高，其中 LOD 序列的两组解的 WRMS 由 0.0112ms 变化为 0.0109ms，降低了 2.7%，极移 x 分量、极移 y 分量和 UT1−UTC 的精度均有所提高，其 WRMS 值分别降低了 2.4%、3.2% 和 0.96% (李秋霞，2020)。

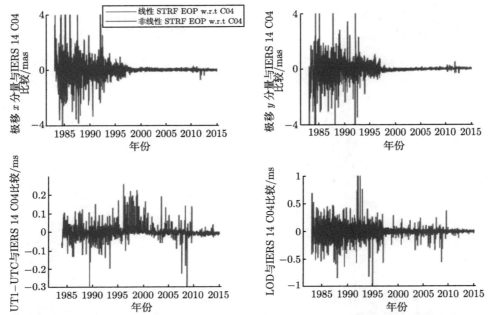

图 10.8 STRF 综合线性/非线性 EOP 产品分别与 IERS 14 C04 做差比较的时间序列 (彩图见封底二维码)

表 10.6 STRF 综合线性/非线性 EOP 产品分别与 IERS 14 C04 进行比较的 WRMS 变化情况

EOP 参数	WRMS	
	线性 STRF EOP	非线性 STRF EOP
极移 x 分量/mas	0.0578	0.0564
极移 y 分量/mas	0.0595	0.0576
UT1−UTC/ms	0.0104	0.0103
LOD/ms	0.0112	0.0109

同时，将本次非线性综合解中 EOP 结果与 JPL 机构发布的 EOP 结果进行了比较，依然选择 IERS 14 C04 EOP 序列作为参考序列，来考察上海天文台非线性综合解中 EOP 产品的精度水平和 JPL 发布的 COMB EOP 产品精度水平，结果见图 10.9，通过对比可以发现，上海天文台综合解算的 EOP 产品中极移和 UT1−UTC 结果精度优于 JPL EOP 结果。此外，统计了综合 EOP 产品长时间序列和 JPL EOP 产品长时间序列分别与 IERS C04 EOP 进行做差获得的 WRMS 值，结果表明上海天文台非线性综合 EOP 产品中极移 x 分量、极移 y 分量和 UT1−UTC 结果均优于 JPL EOP 相应结果，但是 JPL 的 LOD 结果精度高于上

海天文台的结果，其 WRMS 值为 0.0049ms，详细结果见表 10.7。

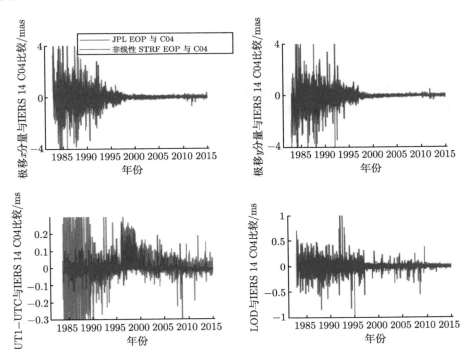

图 10.9   STRF 非线性 EOP 与 JPL EOP 分别与 IERS 14 C04 做差比较的时间序列 (彩图见
封底二维码)

(红色线表示 JPL EOP 比较结果；蓝色线表示上海天文台 EOP 比较结果)

表 10.7   STRF 非线性综合 EOP 和 JPL EOP 分别与 IERS 14 C04
做差统计的 WRMS

EOP 参数	WRMS	
	JPL EOP	STRF 综合 EOP
极移 x 分量/mas	1.8540	0.0564
极移 y 分量/mas	3.1290	0.0576
UT1−UTC/ms	0.0295	0.0103
LOD/ms	0.0049	0.0109

10.4   非线形地球参考架和 EOP 确定方法发展讨论

本章在考虑震后形变、测站周期性运动的非线性地球参考架构建基本理论基础上，利用奇异谱分析方法拟合的测站坐标时间序列变振幅周期性信号，构建了非线性地球参考架，得到 STRF 非线性地球参考架和与之自洽的 EOP 长时间序列, 并从地球参考架基准、测站坐标和速度及 EOP 产品角度进行了比较和精度评估, 结果表明考虑测站震后形变和周期项变振幅效应对地球参考架的稳定性、测站坐标与速度解精度及 EOP 精度均有所提高。

　　本章非线形地球参考架和 EOP 确定方法主要是基于数学模型或统计分析方法建立的, 其原因是产生这些非线形运动或者影响因素较难精确模制和测量, 只能采用数学公式进行拟合, 但随着测量技术的提高和研究的深入, 非线形特征的建模有可能基于有关影响因素的实测观测数据从机制出发建立相关模型, 这样, 非线形地球参考架和 EOP 的确定, 只需加入这些因素的实测结果进行改正即可, 地球参考架的有关项将会都具有明确物理意义。

第 11 章　高精度 EOP 预报算法及精度分析

11.1　高精度 EOP 快速预报需求分析

随着对卫星导航定轨定位精度要求的不断提高，以及各类深空探测任务的深入展开，对 EOP 预报的实时性需求和精度要求也越来越高。在卫星导航定位中，卫星精密定轨和卫星导航广播星历生成需要用到跨度为 7 天和 14 天的 EOP 预报星历；在卫星自主导航中，GNSS 自主导航需要用到跨度为 180 天的 EOP 预报序列 (我国北斗初步设计为 60 天)，EOP 的精度影响精密定轨的精度，其中 UT1–UTC 的预报误差还影响着卫星星座的旋转。美国深空探测网 (Deep Space Network，DSN) 通常需要约 7 天的 EOP 预报序列。通过现代空间大地测量技术获取的高精度数据必须经过复杂的分析处理和综合，才能得到精确 EOP，而且实测数据往往滞后，这就导致了 EOP 实测测量某种程度的延迟滞后，所以在 GNSS、深空探测及一切卫星实时应用中都需要一定长度的、具有一定精度的 EOP 预报序列。目前相关技术获得的实测 EOP 往往需要延迟 2~5 天，为此，需要进行 EOP 的短、中、长期预报。

目前，相关的非政府国际学术组织或机构已经实现了 EOP 测定与预报全球服务，然而这些服务既没有法律的强制性，也没有道德的约束。换而言之，这些以学术研究和科学探讨为核心的服务对各个国家是没有日常运行服务的责任和义务的。另外，EOP 是天文地球动力学、天体测量学、地球物理学和大地测量学研究的主要观测量和基础科学数据之一。目前，极移的观测精度已达到 0.1mas(相当于地面上 3mm 的位移)，而 LOD 的观测精度为 0.01ms，这些资料包含了大量的地球动力学信息，为研究地球自转变化的机制、板块运动、固体潮及地球内部结构等地球动力学问题提供了极大的便利，大大推动了天文地球动力学的发展。同时也是研究地球整体旋转、表面物质运动、大气环流变化甚至地质灾害预报的基础信息，对支持自洽一致的天球和地球参考架的实现也具有重要作用。

在我国北斗卫星精密定轨及其他卫星实时应用中，需要精确的 EOP 参数来完成坐标系转换，目前采用的是 IERS 给出的快速 EOP 预报结果。但是由于下载不及时或者网络中断，满足不了我国卫星导航和其他实时应用对 EOP 的快速服务需要，其网上数据更新速率不能保证高精度导航和深空探测的需要，例如，嫦娥一期定轨期间发生过拿不到 EOP 的情况。为此，需要建立我国独立自主的高精度 EOP 预报服务。

由于极移和 LOD 的变化受到地球内外众多复杂物理因素的影响，如图 11.1 所示，且其变化不仅具有一定的线性趋势和周年、半年的季节性周期变化，同时还包括了从 "十年"、年际到亚季节性时间尺度的不规则变化，这给 EOP 预测带来了较大困难。因此，需研究提高 EOP 预报精度的途径和方法，建立 EOP 的高精度组合预报算法，给出不同预报弧长的 EOP 精度分析情况，方便有关用户选择。

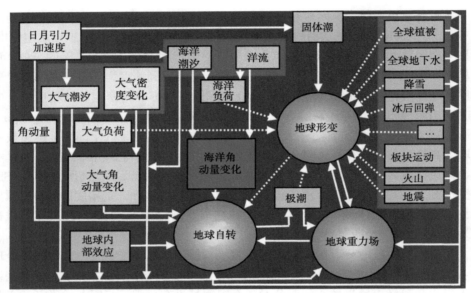

图 11.1　EOP 激发机制多样复杂

11.2　EOP 预报现状

为了推动 EOP 预测研究，2005 年，IERS 组织了地球定向参数预测方案比较大会战 (Earth Orientation Parameters Prediction Comparison Campaign，EOP PCC)。2006 年，在欧洲大地科学联盟 (European Geosciences Union，EGU) 的常规会议上，发布了该会战的第一次结果，同时成立了 IERS 预测工作组 (IERS Working Group on Prediction，IERS WGP)，研究对用户有用的 IERS 预测产品，并对各种 EOP 数据的特性及各种预测算法进行验证分析。

目前国外 EOP 的预报方法主要有最小二乘外推法 (Chao, 1985)、自回归模型 (autoregressive model，AR)(Kosek et al., 1999)、自回归滑动平均模型 (autoregression and moving average model，ARMA)、人工神经网络 (artificial neural network，ANN) (Schuh et al., 2002)、卡尔曼滤波 (Freedman et al., 1994; Hamdan et al., 1996; Gross et al., 1998) 等，有些学者综合应用最小二乘外推与其他方法进行联合预报 EOP，如最小二乘外推与 AR 模型 (Niedzielski et al., 2008)、最小二乘外推与神经网络 (Kosek et al., 2005) 等的结合。近年来，在单变量模型基础上发展出了多变量模型，如将大气角动量 (atmospheric angular momentum，AAM) 加入 AR 模型、人工神经网络模型、卡尔曼滤波、灰色模型、基于最小二乘与多元自回归模型 (LS+MAR) 等模型中预报 EOP (Johnson et al., 2005; Mccarthy et al., 1991; Freedman et al., 1994)。国内关于地球定向参数预报方面的研究还不太多，1977 年汤家豪教授在 AR 模型的基础上提出了门限序列自回归 (TAR) 模型，其实质是 AR 模型的分段线性化；其后郑大伟等 (1982) 采用 BIH 给出的自转参数 (极移 x、y 以及 UT1) 资料序列，运用 TAR 模型对这三个参数进行了预报；近年来，王琪洁 (2007) 在人工神经网络模型中加入大气角动量参数对地球定向参数作了预报研究。

高精度的 EOP 预报不但需要高精度的近期 EOP 数据，而且需要精确的预报模型。国外 (如 IERS) 早在几十年前便开始了 EOP 预报方面的工作，近年来更是建立了专门从事 EOP 预报工作的机构 (EOP PCC)，投入了大量的人力物力。国外在预报模型以及预报体系上已经发展得比较成熟，而国内只有为数不多的人从事此方面的研究工作，近十年来在国家不同渠道经费支持下，在 EOP 预报方面的研究和服务已处于国际领先水平，建立了我国自主的 EOP 监测系统和 EOP 预报系统，为卫星导航、深空探测以及军事应用和科学研究等多方面提供服务。上海天文台一直致力于天文地球动力学研究，对地球自转的激发因素以及激发机制有深入的研究，发表了许多高质量的文章 (郑大伟、周永宏、廖德春等)，取得了可喜成绩 (周永宏, 1993; 廖德春等, 1996; 王琪洁, 2007; 许雪晴, 2012)，新的大气角动量序列的计算中引入高低起伏的地形，改进了大气对地极运动激发贡献的定量估计，与实际观测符合更好，已被 IERS、全球地球物理流体中心 (Global Geophysical Fluids Center，GGFC) 大气分中心 (SBA) 采用，从而为建立 EOP 的高精度预报算法和软件系统奠定了良好的基础。

另外在 EOP 预报研究中，上海天文台也是处在国内领先地位，在原有单变量模型基础上开发了双变量模型预测地球定向参数，例如，王琪洁 (2007) 首次在人工神经网络中引入大气角动量预报地球定向参数，并考虑将其他激发因素 (大气、海洋、地下水等) 加入原有的单变量或多变量模型中，发展多变量预报模型。其次，原有预报 EOP 的方法存在一些缺陷，比如，用最小二乘外推预报 EOP 主项，当预报跨度增大时，误差累积严重；用 AR 模型或神经网络模型预报 EOP 残差，存在着位置偏差，导致中长期预报精度差。为此，需建立一种多模型结合的预报方法，这种结合可以避免单种预报方法的局限性，综合多种预报方法的优势，改进 EOP 中长期预报精度。

　　以 "LS+AR" 极移预报算法的流程图为例，如图 11.2 所示，利用 LS+AR 模型进行预报时，首先利用最小二乘 (LS) 外推拟合出周期项和趋势项，其中周期项包括：Chandler 摆动、周年项、半周年项和 1/3 周年项；然后得到其残差部分；再利用 AR 模型对其残差部分进行预测；最后两部分相加，得到其预测的极移结果。

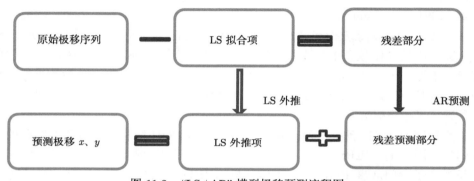

图 11.2　"LS+AR" 模型极移预测流程图

11.3　EOP 短期预报算法及精度分析

　　利用 2004~2011 年 C04 数据进行了大量充分的 EOP 预报试验，分别从短期和中长期预报进行了系统研究，给出了一系列有效的组合预报方法，包括抗差最小二乘 (RLS) 拟合与预测模型、"RLS+ARIMA" 组合预测模型、基于径向基函数 (radial basis function，RBF) 的神经网络二次建模 EOP 预报、基于径向基函数的神经网络 ARMA 预报模型、基于误差修正的灰色 GM(1,1) 预报模型、加权最小二乘与 AR 组合模型、"LS+AR" 组合预测模型、"WLS+AR" 组合预测模型、"AR + 卡尔曼" 的组合预报方法、差分预报极移模式、引入全球大气角动量的多变量预报模型等，这里就不一一赘述，只给出一些方法的结果，详细可见有关参考文献。

　　表 11.1 给出了其中几种方法预报 EOP 极移精度情况，从表中可以看出，利用 "RLS+ARIMA" 方法，预报 5 天可获得优于 2.4mas 的预报精度，预报 30 天可获得优于 15mas 的预报精度；基于误差修正的 GM(1, 1) 预报模型 5 天的预报误差优于 2mas，预报 30 天精度优于 15mas；利用基于径向基函数的神经网络二次建模和神经网络 ARMA 预报模型可获得 5 天预报优于 1.5mas 的预报精度，

适合于短期极移预报。因此，对于短期预报可以选择基于径向基函数的神经网络二次建模和神经网络 ARMA 预报模型，但对于中长期极移预报，"WLS+AR" 算法较好。

表 11.1　　几种极移预报算法精度情况汇总　　　　　　　　（单位：mas）

预报算法	5 天			30 天		
	x_{p}	y_{p}	极移总量	x_{p}	y_{p}	极移总量
RLS+ARIMA	1.885	1.339	2.313	11.677	8.858	14.657
基于径向基函数的神经网络二次建模	1.072	0.736	1.300	—	—	—
神经网络 ARMA 预报模型	1.077	0.713	1.291	—	—	—
基于误差修正的 GM(1, 1) 预报模型	1.501	1.092	1.857	11.614	9.388	14.934
LS+AR	1.664	1.116	2.004	9.187	5.649	10.784
WLS+AR	1.630	1.101	1.973	8.518	5.411	10.092

表 11.2 给出了几种 UT1–UTC 预报算法精度情况，从表中可以看出 "WLS+MAR" 算法较好。世界时 UT1–UTC 的 5 天预报精度，"LS+AR" 模型优于 0.43ms，"WLS+AR" 模型优于 0.41ms，"LS+MAR" 模型优于 0.36ms，而基于 "WLS+MAR" 时可获得优于 0.35ms 的精度。对于 UT1–UTC 的 30 天预报精度，"LS+AR" 模型优于 5.5ms，"WLS+AR" 模型优于 4.3ms，"LS+MAR" 模型和 "WLS+MAR" 模型均可获得优于 3.8ms 的预报精度。对于 UT1–UTC 的 90 天预报精度，"LS+AR" 模型优于 18ms，"WLS+AR" 模型优于 16ms，"LS+MAR" 模型和 "WLS+MAR" 模型均可获得优于 14ms 的预报精度。对于 UT1–UTC 的 180 天预报精度，"LS+AR" 模型优于 47ms，"WLS+AR" 模型优于 32ms，"LS+MAR" 模型优于 38ms，"WLS+MAR" 模型优于 33ms 的预报精度。对于 UT1–UTC 的 240 天预报精度，"LS+AR" 模型优于 70ms，"WLS+AR" 模型优于 42ms，"LS+MAR" 模型优于 60ms，"WLS+MAR" 模型优于 50ms 的预报精度。对于 UT1–UTC 的 360 天预报精度，"LS+AR" 模型优于 122ms，"WLS+AR" 模型优于 63ms，"LS+MAR" 模型优于 112ms，"WLS+MAR" 模型优于 90ms 的预报精度。鉴于以上预报精度，在 UT1–UTC 预报方面，对于预报跨度小于 90 天的预报，建议采用 "LS+MAR" 模型或 "WLS+MAR" 模型较为合适，对于预报跨度在 180 天以上的预报，采用 "WLS+AR" 模型较好。

表 11.3 给出了几种 LOD 预报算法精度汇总，从表中可以看出，LOD 的 5 天预报精度，"LS+AR" 模型以及 "WLS+AR" 模型均可获得优于 0.11ms 的预报精度；LOD 的 30 天预报精度，"LS+AR" 模型以及 "WLS+AR" 模型均可获得优于 0.18ms 的预报精度；预报 90 天，"LS+AR" 与 "WLS+AR" 模型均可获得优于

0.20ms 的预报精度；预报 180 天，"LS+AR" 模型可获得优于 0.24ms，"WLS+AR"
可获得优于 0.23ms；预报 240 天，"LS+AR" 模型可获得优于 0.26ms，"WLS+AR"
可获得优于 0.25ms；预报 360 天，"LS+AR" 模型可获得优于 0.30ms，"WLS+AR"
可获得优于 0.28ms。鉴于以上预报精度，在 LOD 预报方面，采用 "LS+AR" 模
型以及 "WLS+AR" 模型均可。

表 11.2　几种 UT1−UTC 预报算法精度情况汇总　　　　　（单位：ms）

预报算法	UT1−UTC (5 天)	UT1−UTC (30 天)	UT1−UTC (90 天)	UT1−UTC (180 天)	UT1−UTC (240 天)	UT1−UTC (360 天)
LS+AR	0.4294	5.4732	17.4364	46.0779	69.3185	121.2480
WLS+AR	0.4075	4.2200	15.0892	31.8683	41.5955	62.6150
LS+MAR	0.3552	3.7475	13.5016	37.7832	59.6874	111.4165
WLS+MAR	0.3428	3.7288	13.5568	32.4750	49.3033	89.4790

表 11.3　LOD 预报算法精度汇总　　　　　（单位：ms）

预报方法	LOD (5 天)	LOD (30 天)	LOD (90 天)	LOD (180 天)	LOD (240 天)	LOD (360 天)
LS+AR	0.1047	0.1729	0.1993	0.2332	0.2545	0.2942
WLS+AR	0.1045	0.1720	0.1961	0.2244	0.2426	0.2774

11.4　EOP 中长期快速预报算法及精度分析

11.4.1　"WLS+AR" EOP 预报算法及精度分析

　　鉴于 11.3 节 "WLS+AR" 算法的较好表现，中长期预报就先以该算法为例，
进行了长期 EOP 预报研究，分别进行了预报 1 天、5 天、10 天、20 天、30 天、
60 天、90 天、120 天、180 天、240 天、300 天、360 天的 7 年多长期精度检查。
表 11.4 给出了 EOP 预报不同弧长精度情况，从表中可以看出 "WLS+AR" 基本
好于 "LS+AR"，预报时间越长，精度越差。图 11.3 ∼ 图 11.5 分别给出了不同预
报期数 (预报时间段) 预报 5 天、30 天和 60 天的误差分布图，从图中可以看出，
预报误差并不是恒定不变的，它随时间波动，表 11.4 给出的是其统计精度，为了
检验最差情况，统计了 "WLS+AR" 预报模型不同预报长度 7 年多的 EOP 预报
值与 IERS C04 之差的最大最小，如表 11.5 所示，在工程应用中最差的情况也需
关注。

表 11.4   EOP 预报不同弧长精度情况

预报天数	x/mas		y/mas		LOD/ms		UT1−UTC/ms	
	LS+AR	WLS+AR	LS+AR	WLS+AR	LS+AR	WLS+AR	LS+AR	WLS+AR
1	0.2449	0.243	0.2003	0.1997	0.0268	0.0268	0.0284	0.0281
5	**1.6643**	**1.6302**	**1.1156**	**1.1007**	**0.1047**	**0.1045**	**0.4266**	**0.4075**
10	3.2041	3.0860	2.0443	2.0039	0.1418	0.1419	1.2232	1.1474
20	6.2102	5.8551	3.7921	3.6594	0.1699	0.1688	3.1421	2.8026
30	**9.1866**	**8.5177**	**5.6485**	**5.4120**	**0.1729**	**0.1720**	**4.8979**	**4.2200**
60	**16.9305**	**15.4135**	**11.7197**	**11.4248**	**0.1842**	**0.1833**	**10.4493**	**9.0568**
90	23.8394	21.1173	17.9813	17.6493	0.1993	0.1961	17.4364	15.0892
120	28.2801	24.2281	23.2525	22.3614	0.2085	0.2041	25.9344	22.0216
180	30.0425	25.056	27.2737	25.7173	0.2332	0.2244	46.0779	31.8683
240	30.8296	25.9977	25.8545	25.0952	0.2545	0.2426	69.3185	41.5955
300	33.9825	27.5630	28.8677	27.3027	0.2763	0.2647	94.2463	53.3354
360	35.7399	29.0960	32.9789	30.3491	0.2942	0.2774	121.248	62.615

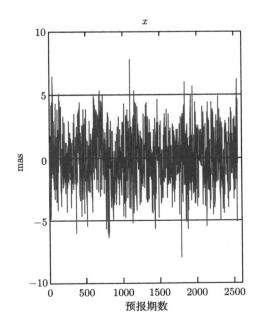

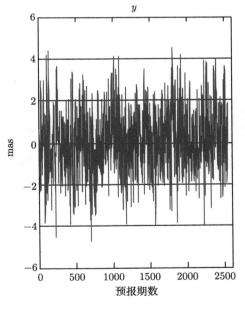

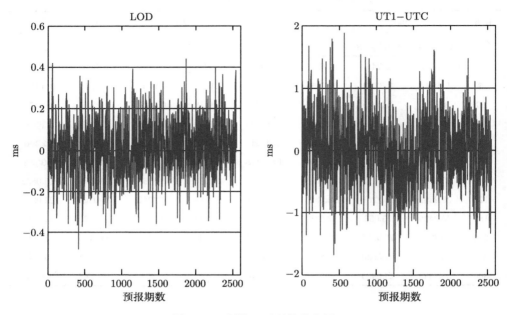

图 11.3　预报 5 天误差分布图

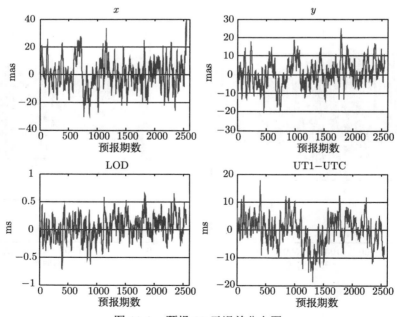

图 11.4　预报 30 天误差分布图

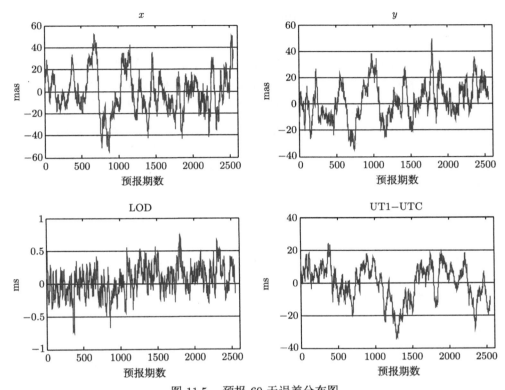

图 11.5　预报 60 天误差分布图

表 11.5　EOP 预报不同弧长结果与 IERS C04 最大最小差值情况

预报天数	x/mas		y/mas		LOD/ms		UT1−UTC/ms	
	max	min	max	min	max	min	max	min
1	1.3059	−1.2179	0.8686	−0.962	0.1374	−0.1225	0.2279	−0.1764
5	7.7816	−7.9748	4.5449	−4.7128	0.4406	−0.483	1.8779	−2.0247
10	12.77	−12.4431	8.0078	−8.7251	0.6138	−0.6442	5.6478	−4.9451
20	26.3186	−21.4871	15.6722	−14.0352	0.6582	−0.6762	13.0411	−12.3372
30	39.5127	−30.4619	24.9909	−20.7936	0.6481	−0.7163	17.8908	−18.7866
60	52.138	−53.9447	49.5505	−34.4664	0.7522	−0.7459	24.5029	34.9179
90	69.312	−66.8617	55.5928	−56.3899	0.6723	−0.7776	34.2242	−50.5033
120	76.083	−78.9515	71.2464	−67.5184	0.7	−0.8116	44.1935	−73.6939
180	78.82	−83.9802	77.0043	−68.2004	0.7452	−0.8227	73.3209	−124.942
240	83.1333	−82.5977	79.8775	−65.3208	0.8668	−0.8349	91.1727	−165.85
300	89.0554	−81.6966	84.9462	−72.739	0.9333	−0.8801	112.243	−213.849
360	93.0441	−96.0577	87.5876	−75.2498	0.9665	−0.8997	113.514	−246.245

11.4.2 "LS+AR+Kalman" 组合 EOP 预报算法精度

为了进一步提高 EOP 精度和实效性，引入了卡尔曼 (Kalman) 滤波到 EOP 预报中 (许雪晴, 2012; 周永宏, 1993)，"LS+AR+Kalman" 的组合 EOP 预报算法和 "LS+AR" 精度比较见表 11.6，可以看出 "LS+AR+Kalman" 极移预报明显好于 "LS+AR"，UT1−UTC 和 LOD 随着预报时长的增加也有了改进。

表 11.6　"LS+AR" 和 "LS+AR+Kalman" 算法短期 EOP 预报精度 (MAE) 对比

MAE 预报天数	x_p/mas		y_p/mas		UT1−UTC/ms		LOD/ms	
	LS+AR	LS+AR+Kalman	LS+AR	LS+AR+Kalman	LS+AR	LS+AR+Kalman	LS+AR	LS+AR+Kalman
1	0.294	0.275	0.227	0.212	0.031	0.031	0.028	0.027
2	0.734	0.560	0.500	0.475	0.057	0.057	0.049	0.047
3	1.254	1.062	0.754	0.709	0.113	0.110	0.068	0.066
4	1.443	1.194	0.984	0.930	0.147	0.145	0.079	0.078
5	**1.978**	**1.736**	**1.245**	**1.183**	**0.213**	**0.214**	**0.095**	**0.096**
6	2.382	2.124	1.502	1.396	0.273	0.269	0.098	0.097
7	2.760	2.489	1.775	1.541	0.347	0.345	0.104	0.105
8	2.925	2.653	2.017	1.752	0.422	0.418	0.108	0.107
9	3.251	2.781	2.204	1.916	0.514	0.512	0.117	0.115
10	3.690	2.876	2.372	2.138	0.637	0.635	0.130	0.128
15	5.361	3.696	3.543	2.956	1.244	1.237	0.146	0.145
20	5.348	4.345	4.391	3.317	1.699	1.674	0.149	0.147
25	6.570	5.342	5.447	4.234	2.053	2.002	0.151	0.149
30	**8.350**	**6.405**	**6.544**	**4.916**	**2.455**	**2.384**	**0.161**	**0.158**
35	9.701	7.557	8.567	6.658	2.936	2.771	0165	0.162
40	10.275	8.206	8.365	6.385	3.427	3.267	0.186	0.179
45	11.035	9.178	9.883	6.512	3.649	3.474	0.198	0.185
50	11.716	9.274	11.668	8.927	3.935	3.815	0.201	0.193

11.4.3 极移差分预报模式精度

针对 AR 模型，对比分析地极运动 (极移) 序列差分处理前后与 AR 模型的适应性以及预报精度，探讨一种差分预报极移的模式，本模式可以使得处理后极移序列与 AR 模型更加符合，从而改善极移预报精度，见图 11.6 和表 11.7，可以看到，极移的差分预报模式比直接预报精度高 (周永宏, 1993; 许雪晴, 2012)。

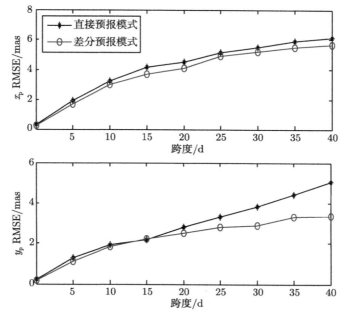

图 11.6 直接预报模式与差分预报模式短期预报精度 RMSE 对比

表 11.7 极移预报均方误差 (RMSE) 统计

RMSE 预报跨度/d	x_p/mas		y_p/mas	
	直接模式	差分模式	直接模式	差分模式
1	0.319	0.280	0.237	0.192
2	0.729	0.479	0.525	0.333
3	1.139	0.866	0.800	0.605
4	1.538	1.276	1.054	0.866
5	**1.921**	**1.684**	**1.272**	**1.108**
6	2.266	2.065	1.456	1.314
7	2.561	2.376	1.606	1.472
8	2.823	2.748	1.726	1.620
9	3.061	3.047	1.826	1.735
10	3.279	3.012	1.917	1.830
15	4.177	3.714	2.182	2.206
20	4.525	4.137	2.797	2.533
25	5.136	4.933	3.310	2.796
30	5.525	5.236	3.822	**2.885**
35	5.893	5.487	4.422	3.335
40	6.125	5.642	5.061	3.359
60	**9.342**	**6.479**	**8.061**	**4.986**
90	13.786.	9.639	12.811	8.974
200	17.398	15.514	15.392	12.432
360	21.492	18.757	19.2.274	16.683

11.5　EOP 预报算法和精度讨论

EOP 高精度预报算法除了本章介绍的方法外，还不断地发展着。由于不同方法适合不同预报弧长或者 EOP 分量，建议在极移预报方面，对于跨度小于 5 天的预报可采用基于径向基函数的神经网络二次建模和神经网络 ARMA 预报模型，对于预报跨度大于 30 天的，建议采用 "WLS+AR" 模型和差分模式进行极移预报。在 UT1−UTC 预报方面，对于预报跨度小于 90 天的预报，建议采用 "LS+MAR" 模型或 "WLS+MAR" 模型较为合适，对于预报跨度在 180 天以上的预报，采用 "WLS+AR" 模型较好。在 LOD 预报方面，采用 "LS+AR" 模型以及 "WLS+AR" 模型均可，"LS+AR+Kalman" 组合 EOP 预报算法和极移差分预报模式也有不错表现。

由于 EOP 预报方法的多样性和适用性问题，国际上会组织 EOP 预报比赛活动来确定较好的预报算法，如 2021 年 6 月 ~2022 年 12 月举办的第二届国际地球定向参数预报比赛活动 (EOP PCC)，确定最小二乘联合自回归模型并加入流体角动量数据方法获得的 EOP 预报序列精度最高 (简称为 LS+AR+EAM 联合方法)，推荐为常用 EOP 预报方法。我国 EOP 预报处于世界领先水平，建立了成熟的地表流体角动量计算系统，研发了高精度 EOP 预报系统，建立了独立自主的 EOP 数据服务平台 (ftp:119.78.226.27/share)，已经为我国北斗和探月工程提供数据服务。图 11.7 给出了第二届 EOP 国际 EOP 预报竞赛结果，上海天文台参赛团队 EOP 短期 (30 天内) 预报精度名列前茅，特别是 PMX 和 UT1-UTC 的预报精度在 33 支团队中表现优秀。

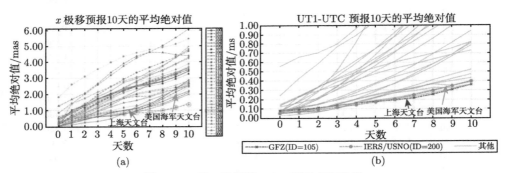

图 11.7　第二届国际 EOP 预报竞赛结果

第 12 章　区域地球参考架和 EOP 确定

12.1　区域地球参考架简介和研究现状

前面章节所讲都是针对全球地球参考架和 EOP，但是在没有出现全球地球参考架之前，许多国家或者地区都有自己的区域地球参考架，目前主要有名的区域地球参考架包括欧洲参考架 (European Reference Frame，EUREF)、美洲 (泛美) 大地参考框架 (Geodetic Reference System for Americas，SIRGAS)、中国 CGCS2000、非洲参考架 (AFREF) 等，其中美洲大地参考架包括了其前身南美参考架和北美参考架 (SNARF)。

欧洲参考架是所有区域参考框架中最早的，其前身是欧洲参考坐标系 ED50 和 ED87，随着卫星大地测量的发展和高精度测量，1987 年 IUGG 温哥华大会成立了 EUREF 分委员会，开始实施和建立高精度的欧洲区域参考架 EUREF。随后组织讨论建立一个以卫星导航特别是 GPS 为主的欧洲参考坐标系，这个坐标系以两种变换为基础，一是数字化制图数据可从一国或者欧洲的参考基准合理地变换到 WGS84 大地坐标系，另一个是从 WGS84 坐标系可变换到欧洲或者某国的参考坐标系。为此，于 1989 年 5 月组织了首次欧洲 GPS 联测，目前已经形成了 EUREF 永久站网 (EUREF Permanent Network，EPN)，EPN 是一个由 30 多个欧洲国家 100 多个自筹资金的机构、大学和研究所组成的自愿联盟，它们共同维护欧洲地面参考系统 (ETRS89)，这是欧洲委员会采用的唯一欧洲范围标准坐标参考系统，EUREF 分委员会负责欧洲区域参考架的定义、实现与维持。由 EUREF 维持的参考架已经发布了 ETRF89、ETRF90、ETRF91、ETRF92、ETRF93、ETRF94、ETRF96、ETRF97、ETRF2000、ETRF2005 和 ETRF2014 共 11 个版本，ETRF2014 的框架定义参数与 ITRF2014 一致 (Bruyninx et al., 2019)。

SIRGAS 首次实现是在 1995 年 4 月实现的与 ITRF94 自洽一致的 SIR-GAS95 参考架，它是由分布在南美洲的 58 个点组成的高精度 GPS 网络给出的。2000 年，重新衡量了这一网络，并将其扩展到加勒比、中美洲和北美国家。为了解释这个扩展，首字母缩写的含义从原来的 "Sistema de Referencia Geocéntrico para América del Sur" 改为 "Sistema de Referencia Geocéntrico para Américas"，并实现了第二个 SIRGAS 参考框架 SIRGAS2000，它包括 184 个 GPS 站，与

ITRF2000 绑定, 历元是 2000.4。SIRGAS95 和 SIRGAS2000 实现的坐标精度为 3～6mm。第三种也是目前实现的 SIRGAS, 是由分布在美洲和加勒比地区的五六百个连续运行 GNSS 站组成的 SIRGAS-CON(SIRGAS 连续运行网络), DGFI-TUM 每周对 SIRGAS-CON 进行处理, 生成与 ITRF 多年 (累积) 参考架解决方案一致的瞬时周解, 通过多年的周解综合处理可提供最精确和最新的 SIRGAS 测站位置和速度, 如 DGF00P01、DGF02P01、DGF17P01 系列等。新的 ITRF 版本或多或少每五年发布一次, 而 SIRGAS 参考架每一或两年更新一次。SIRGAS 站的位置和速度可在 ftp.sirgas.org 上获得, 该服务器由 IGS 的 SIRGAS 区域网络联合分析中心 (IGS RNAAC SIRGAS) 维护和管理, 同一时期不同 SIRGAS 参考框架一致性在厘米量级 (http://www.sirgas.org/en/)(党亚民, 2008)。

　　为满足我国经济与国防建设的需要, 自 20 世纪 50 年代初, 我国先后建立并采用 1954 北京坐标系和 1980 西安坐标系作为参考基准应用在测绘等工程中。由于 1954 北京坐标系和 1980 西安坐标系都是采用传统测量技术建立的坐标系, 精度较低, 难以满足高精度应用的需求。在 2002 年, 总参测绘局联合国家测绘局和中国地震局, 对国内 GPS 网进行统一处理, 获得约 2600 个地面站的坐标, 实现了 2000 中国大地坐标系 (CGCS2000)(党亚民, 2008; 杨元喜, 2009; 陈俊勇, 2008; 魏子卿, 2008)。CGCS2000 的定义与国际地球参考系 ITRF97 一致, 2007 年 8 月起, 正式启用 CGCS2000 国家大地坐标系。CGCS2000 坐标系的建立, 标志着我国大地基准取得重大进展, 主要表现在采用了国际地球参考系的定义, 完成由局部坐标系到地心坐标系的过渡, 实现了精度达国际水平的高精度中国区域地球参考架, 但由于中国大地坐标系 CGCS2000 仅仅由 GPS 和传统水准测量建立, 与全球地球参考架的自洽、一致性还亟待改善。随着我国陆态网、长江三角洲地区近五百个实时 GPS 站、上千个区域 GPS 站的运行和北斗监测网的逐步完善, 以及我国时空基准工程更多 VLBI 和 SLR 测站的投入使用, 为当前中国大地坐标系的改善提供了新的契机, 利用多源空间大地测量技术建立中国区域地球参考架, 不仅保证与全球地球参考架一致, 还能显著提高精度、自洽性和稳定性, 有利于实现区域、三维多时空尺度地壳形变的动态监测 (蒋志浩, 2019; 成英燕等, 2017)。

　　非洲地球参考架 (Africa Reference Frame, AFREF) 是基于非洲大陆 GPS 永久网站而建立的非洲大陆参考系统, 作为非洲各国三维地球参考架的基础, 与全球 IGS 测站一起解算, 对非洲大陆参考架的加密起到了重要作用。另外, AFREF 还实现了统一的垂直基准, 精化了非洲大地水准面 (党亚民, 2008)。

　　随着下一代定位导航授时 (positioning navigation timing, PNT) 体系及其传递应用系统的需要, 现有空间基准包括地球参考架和 EOP 测定与服务系统面临进一步挑战, 需要创建一个更高等级、更专业的产品和服务系统, 以满足下一代或者综合 PNT 对空间基准的需求, 这包括: ① 多系统间框架不统一, 需将多系统格网站点纳入统一参考架统一解算。目前的地球参考基准系统只包括 VLBI、SLR、GNSS 技术的部分台站，而下一代 PNT 体系的多个系统 (如北斗系统及其低轨导航增强系统、水下 PNT 系统、5G 基站、陆基远程导航系统和区域导航系统等) 的站点还没有包括进来，使得其无法统一和比较，对军方联合指挥和作战造成很大隐患，需要纳入统一的地球参考基准系统里，为其提供统一的基准服务。我国的北斗导航系统 (BDS) 空间基准也需要长期维护，它与统一的地球参考基准及 ITRF 之间的连接与转换参数也需要长期监测与发布。② 空间基准产品可获取时延亟须缩短。囿于现有观测台站观测能力和数据传输方式以及数据处理平台的处理能力，目前我国 VLBI 台站每星期观测 24 小时，数据通过硬盘快递送到数据处理中心，一星期后才能发布相关产品，这显然难以满足下一代 PNT 及其传递系统对空间基准的需求，需要将空间基准产品可获取时延从目前的一星期进一步缩短到 3 天或更短。③ 空间基准的精度亟须提高。下一代 PNT 中北斗将达到 25cm 的空间信号定位精度，这要求地面监测站位置精度优于 1cm，但目前国际和我国自主新建的一些参考基准和基准站坐标精度仍是亚厘米级，无法完全满足下一代 PNT 传递应用系统对空间基准的要求。另外，相应的参考基准和站点坐标随时间的变化也必须要同时考虑线性和非线性，才能保证基准的精度逐步迈向 1mm，达到 GGOS 对地球参考架的精度要求。④ 超大 GNSS 观测网络数据处理。区域 GNSS 观测网络非常密集，例如美国南加州的 SCIGN 网络 (约 250 个连续观测站)，欧洲的 EUREF 网络 (约 250 个连续观测站)，日本的 GEONET 网络 (超过 1200 个连续观测站，测站平均间距约 20km) 以及我国的陆态网 (约 260 个连续观测站) 等，处理如此大型的 GNSS 观测网络数据，需要在算法以及数据处理模式上进行改进。

12.2 区域地球参考架实现方法

区域地球参考架是基于本国/本地区的测绘体制构建的，它与全球大地测量协议参考架如何联系来保持一致性和相应精度，这是需要考虑的重要因素。根据地球参考架的定义，区域地球参考架或者大地基准不能自成空间基准，因为它无法准确定义坐标系原点和尺度因子。因此，需要统一到某个全球地球参考架才能使用。

目前区域地球参考架还不能放弃，原因是现在的应用对参考基准的精度和加密要求越来越高，而全球地球参考架处理能力还不能包含如此庞大的数据处理。因此，需要建立与全球地球参考架自洽一致的区域地球参考架。区域地球参考架和全球地球参考架往往存在更新频率、稳定性、精度、统一性上的不一致，同时由于不同空间区域使用的方便，陆海空有时也使用了不同的空间基准，这样就存在陆海空以及区域和全球地球参考框架精准协调与统一的问题, 特别是对高精度、广域测量或者应用, 存在陆海空和天地一体化的问题。严格的统一协调方法, 就是像非洲参考框架一样, 区域网数据参与各技术的全球解算, 然后进行地球参考架的建立, 其方法在前面已经讲述, 这里不再赘述。

另外一种区域地球参考架建立方法, 就是将区域解算结果与全球地球参考架通过七参数转换进行绑定, 如下式所示:

$$
\begin{bmatrix} x \\ y \\ z \end{bmatrix}_{\mathrm{TRF2}} = \begin{bmatrix} x \\ y \\ z \end{bmatrix}_{\mathrm{TRF1}} + \begin{bmatrix} T_1 \\ T_2 \\ T_3 \end{bmatrix} + \begin{bmatrix} D & -R_3 & R_2 \\ R_3 & D & -R_1 \\ -R_2 & R_1 & D \end{bmatrix} \begin{bmatrix} x \\ y \\ z \end{bmatrix}_{\mathrm{TRF1}} \tag{12.1}
$$

若区域和全球框架中有 n 个公共台站, 则可由最小二乘拟合求出七参数, 通过求得七参数将区域地球参考架和全球参考架联系起来。SIRGAS 参考架就是采用该方法, 将每周/每日解算的区域网解通过参考架转换绑定到 ITRF, 然后进行多年数据的处理获得测站的历元坐标和速度, 测站坐标水平方向精度约为 ± 1.2mm, 高程约为 ± 2.5mm, 测站速度精度水平为 ± 0.7mm/a, 高程速度精度约为 ± 1.1mm/a。

还有一种区域地球参考架建立方法, 是将区域地球参考架靠到所在区域的板块上, 如北美参考架 (SNARF), 其目标就是定义一个毫米级、与 ITRF 自洽一致的、板块固定的北美参考架, 该参考架满足无整体旋转约束条件, 并采用了测站速度场和冰后回弹相结合的方法, 更好地反映板内水平和垂直运动的模型, 其产品包括所有参考点的坐标速度值、冰后回弹调整模型和 ITRF 框架下的板块欧拉矢量 (党亚民等, 2007)。

目前中国地区已参与全球地球参考架解算的空间大地测量测站为 10 多个, 而中国地区的大尺度地壳运动和区域性地壳形变如青藏高原不仅是国内学者也是国外学者的关注对象和研究热点, 仅用少数几个国际站作为中国地区地壳运动研究的参考基准显然是不够的, 为此, 各部委各部门在感兴趣的区域建立了一些 GNSS 形变监测网和 GNSS 气象网如陆态网络工程 (260 个基准站)、长江三角洲 GPS 网 (250 个站) 等, 还建立一些新的 SLR 和 VLBI 测站, 再结合其他已有的共 11 个 VLBI 站、8 个 SLR 站和 2502 个 GNSS 台站数据, 可提供我国自主的测站坐标、速度和 EOP, 对中国区域地球参考架高精度建立与维持具有重要意义 (孙付平等, 1997)。

12.3　全球和区域垂直参考系统

地球表面形状可以通过其几何形状和地球重力位来描述, 高程确定同样包括几何和重力两方面的内容。目前全球高程参考架的垂直基准并不一致 (例如验潮站采用平均海平面高), 此外高程系统的理论基础也不尽一致。为此, 定义了一个国际垂直参考系统 (international vertical reference system, IVRS), 它可以通过下面方式实现:

(1) 包括基于 ITRF 坐标以及相对于传统全球参考面的地球位数的全球参考站, 这个参考站网应该配置 GNSS 永久站、验潮站以及永久重力测量点;

(2) 全球参考面由卫星重力确定的传统全球重力模型 (CGGM) 获得;

(3) 以上两点均基于统一的水准椭球参数。

国际垂直参考系统建立了地球几何形状与地球重力场之间的明确关系, 对参考站的要求是尽量全球均匀分布, 能长期稳定运行、站点坐标已知、与区域水准网相连接, 站点周边范围要有密集分布、质量良好的地表重力数据, 并遵循统一标准。

区域和国家高程参考系统可通过 GNSS/水准测量统一到 ITRF, 并利用协议全球重力场模型和统一的水准椭球参数, 归算至国际垂直参考系统, 这样区域的高程系统就可以国际垂直参考系统水准面为基准, 而国际垂直参考系统水准面由全球的引力位值 W_0 来定义, 且必须与瞬时平均海平面 (MSSL) 一致。

基于上述理论和方法, 欧洲和中南美洲在建立区域垂直参考系统方面取得了长足进展。随着新的水准观测的展开, 统一的欧洲水准基准网正在加密和扩充, 重复测量的水准资料可以提供一个建立高程基准的机会。SIRGAS 在垂直基准方面的主要工作是在该区域确定一个适用于全球的引力位值 W_0。尽管垂直基准的 W_0 值可以随意选取, 但拟选用的值最好能和最新的地球重力场观测技术的精度一致, 这样, W_0 值最好采用不同的方法、不同的全球重力场模型和不同的平均海平面模型来综合确定 (Dang et al., 2007)。例如, SIRGAS 垂直参考系统的实现对应于 SIRGAS2000 框架, 包含了 SIRGAS95 参考框架的站点、各国主要的验潮站和连接邻国之间的一级水准网站点, 这些监测站参照 SIRGAS 系统, 通过水平仪与参考验潮站连接。我国也有大量水准测量数据、验潮站数据和重力数据等, 可以建立中国区域垂直参考系统, 这里就不具体讲述了。

12.4   区域 EOP 确定及精度分析

为了我国北斗导航系统和其他应用系统特殊情况下的需要, 有必要对我国区域 VLBI/SLR/GNSS 网开展 EOP 测量, 区域网测定 EOP 的形式误差和系统误差与全球网相比会有所不同, 其对 EOP 测定的精度有一定程度的降低, 但是在特殊情况下, 对 EOP 精度可以降低的应用性需求, 区域网测定 EOP 仍然是很有意义的。

12.4.1　区域 VLBI 网 EOP 确定、解算策略及精度分析

在全球 VLBI 快速 EOP 确定技术的基础上，研究我国 VLBI 区域网监测 EOP 的可行性和精度分析，给出 VLBI 区域网监测 EOP 的精度分析和解算策略。从科学研究角度而言，为实现 EOP 的高精度测量需要全球均匀分布的 VLBI 台站，台站位置的选择应尽量选取地壳运动稳定区域，以尽量消除台站区域以及本地局部运动的影响，减少 EOP 测量的误差。但是对于特殊情况下，需要考虑研究区域网测定 EOP。对于以区域网开展 EOP 测定，对估计参数的形式误差和系统误差相对于全球框架都会有不同程度的影响，但是对一般 EOP 零点几个毫角秒水平的应用性需求仍然是很有意义的工作，满足特殊条件下卫星导航和星座自主导航等对 EOP 的需求。

基于我国两个 VLBI 固定站实测 VLBI 数据进行单基线 EOP 解算和精度分析，如上海—乌鲁木齐单基线 EOP 解算分析。单基线观测只能解算 ERP 的三个参数之一，这里选取解算 UT1 参数。表 12.1 给出了 19 次观测上海—乌鲁木齐单基线 UT1 解算精度，UT1 平均精度为 0.067ms。

表 12.1　上海—乌鲁木齐单基线 UT1 解算精度

观测时间	UT1 精度/μs	观测数	WRMS	观测时间	UT1 精度/μs	观测数	WRMS
1997-10-07	58.9	98	62	1999-01-28	52.6	150	47
1997-10-21	41.1	129	48	1999-04-08	69.1	155	78
1998-01-13	32.7	149	45	1999-04-22	42.1	196	68
1998-03-26	53.4	111	51	1999-07-29	49.3	129	49
1998-05-07	77.7	73	226	1999-11-05	129.1	73	49
1998-07-30	58.1	111	65	1999-12-30	77.1	110	51
1998-10-22	61.6	108	49	2000-01-13	51.1	138	46
1998-11-06	124.6	82	64	2000-11-03	127	52	45
1998-11-13	67.8	124	47	2001-10-16	33	132	40
1998-12-29	69.2	106	65				

多基线观测可以同时解算 ERP 的三个参数，这里分析了不同基线配置情况下 ERP 的解算精度。表 12.2 给出了中国—欧洲、中国—澳洲、中国—日本、中国—北美洲、中国—北美洲—欧洲、中国—澳洲—日本、中国—南美洲—欧洲、中国—非洲—欧洲、中国—北美洲—南美洲—欧洲的 VLBI 站的三站或四站联测结果，从表中可以看出，对于由三站构成的 VLBI 网，中国—欧洲网要优于中国—日本和中国—澳洲网的结果，前者极移精度在七八十个 μmas，UT1 精度在六七个 μs，后者极移、UT1 精度分别要差十到二十 μmas 和两个 μs。中国—北美洲只有一次观测没考虑。对于由三个以上的洲际台站构成的 VLBI 网，ERP 的测定精度有比较明显的改进，其中极移的精度在六七十个 μmas 水平，UT1 精度在五个 μs 左右。

表 12.2 多基线 ERP 解算精度
(x, y 单位 μmas，UT1 单位 μs，拟后残差 (WRMS) 单位：ps)

观测日期	x	y	UT1	OBS	WRMS	观测日期	x	y	UT1	OBS	WRMS
上海—乌鲁木齐—加拿大						上海—乌鲁木齐—日本 (鹿岛)					
2000-11-03	108	90	6.7	110	41	1997-10-21	117	86	8.4	432	43
上海—乌鲁木齐—欧洲 (意大利)						1999-11-02	160	95	10.6	104	60
1998-01-13	90	86	5.4	356	52	1999-11-05	89	70	7.5	336	37
1998-05-07	59	59	5.9	157	53	上海—乌鲁木齐—日本 (筑波)					
1998-10-22	77	78	6.5	278	51	1998-11-06	97	73	7.3	336	36
1998-12-29	100	107	6.3	313	54	1998-11-13	111	86	14.4	388	34
1999-01-28	84	78	6.4	338	49	2000-10-03	197	118	9	164	35
1999-04-08	85	78	6.6	329	59	2001-10-16	116	88	10.1	450	36
1999-04-22	76	68	6.6	302	56	上海—乌鲁木齐—加拿大—欧洲 (意大利)					
1999-07-29	106	98	7.7	246	57	2000-11-03	98	83	5.5	298	35
1999-12-30	77	59	6.7	238	47	上海—乌鲁木齐—加拿大—欧洲 (挪威)					
2000-01-13	77	78	5.7	318	46	2000-11-03	100	87	5.5	349	29
上海—乌鲁木齐—欧洲 (西班牙)						上海—乌鲁木齐—澳大利亚—日本 (筑波)					
1999-04-22	76	68	6.6	302	56	1998-11-13	96	78	13.7	593	39
1999-07-29	106	98	7.7	246	57	2000-10-03	197	118	9	164	35
1999-12-30	77	59	6.7	238	47	2001-10-16	100	79	9.5	624	38
2000-01-13	77	78	5.7	318	46	上海—乌鲁木齐—澳大利亚—日本 (鹿岛)					
2000-11-03	106	89	6.7	144	44	1997-10-21	117	85	8.8	236	55
1999-04-22	78	69	6.9	196	68	1999-11-02	162	95	10.8	36	47
1999-07-29	106	98	7.7	214	58	1999-11-05	88	68	7.6	184	41
1999-12-30	78	59	6.9	170	50	上海—加拿大—南美洲 (巴西)—欧洲 (挪威)					
2000-01-13	79	79	6	180	46	2002-01-18	64	65	4.6	367	31
1998-03-26	77	77	6.7	111	51	2002-03-08	54	55	4.2	399	26
1999-04-22	78	69	6.9	196	68	2002-04-26	74	77	5.4	379	18
1999-07-29	106	98	7.7	214	58	上海—加拿大—南美洲 (巴西)—欧洲 (德国)					
1999-12-30	78	59	6.9	170	50	2002-01-18	65	62	4.9	322	26
2000-01-13	79	79	6	180	46	2002-03-08	53	52	3.7	407	19
上海—乌鲁木齐—欧洲 (挪威)						2002-04-26	73	70	5.1	372	19
2000-01-13	77	79	5.3	372	41	2002-05-17	73	66	4.5	356	18
2000-01-13	77	79	5.3	372	41	2002-03-28	83	88	4.8	282	14
2000-11-03	107	90	6.6	175	44	上海—南美洲 (巴西)—欧洲 (挪威)					
上海—乌鲁木齐—澳大利亚						2002-01-18	67	68	5.6	138	29
1997-10-07	141	102	9.6	218	73	2002-03-08	58	58	5.3	164	26
1997-10-21	117	85	8.8	236	55	2002-04-26	85	84	8.3	155	16
1998-11-13	107	84	15.1	233	48	2002-07-03	94	76	6.1	137	22
1999-11-02	162	95	10.8	36	47	上海—非洲 (南非)—欧洲 (意大利)					
1999-11-05	88	68	7.6	184	41	2001-10-23	74	78	6.6	192	25
2001-10-16	111	84	10.9	231	43	2001-11-06	88	75	7.7	214	33
						2001-12-04	53	54	5.8	218	20

根据上面单基线和多基线 VLBI 测定 EOP 结果来看，利用有中国台站参加的 VLBI 观测，其 ERP 解算的内符精度，极移好于 0.1mas，UT1 内符精度好于 0.01ms，对上海—乌鲁木齐单基线观测 UT1，内符精度好于 0.1ms。

12.4.2   区域 SLR 网 EOP 确定、解算策略及精度分析

SLR 区域网解算测定轨和解算 EOP 的解算策略和全球网不同，首先要根据观测数据的测站分布和数据多少，考虑解算参数的频次和应解算的参数，如我国目前 SLR 测站分布情况，测站的站坐标就不适合参加解算，光压和大气阻力参数就不宜太频繁，可以选择 1 周解 1 次，如果数据少，还可以加长数据处理观测弧长，如增加到 2 周甚至 1 个月。表 12.3 给出了我国区域流动 SLR 测站解算 EOP 情况。采用固定测站坐标，解算 EOP 和轨道的方法，通过与 IERS C04 比较，SLR 区域网测定地球定向参数精度极移 5mas，LOD 好于 0.2ms。

表 12.3   2001 年 9 月 1 日 ∼ 10 月 30 日 SLR 区域网测定地球定向参数精度比较 (5 天一组)

时间/MJD	dx_p/mas	dy_p/mas	dr/s	LOD/ms	备注
SEP 3 52155	1.40	2.40	0.0003179 0.0002843	0.0336	(IERS)(中国、长春、北京、上海、西藏，天气原因北京、西藏几乎无数据)
SEP 8 52160	−0.656	1.00	0.0003914 0.0003632	0.0300	(IERS)(中国、长春、北京、上海、西藏，天气原因长春、西藏数据较少)
SEP 13 52165	0.800	−0.804	−0.0000543 −0.0000266	0.0280	(IERS)(中国、长春、北京、上海、西藏，天气原因西藏无任何数据)
SEP 18 52170	0.070	1.606	0.0009834 0.0010078	0.1244	(IERS)(中国、长春、北京、上海、西藏，天气原因北京无任何数据)
SEP 23 52175	−4.950	−0.140	0.0002802 0.0003173	−0.0000371	(IERS)(中国、长春、北京、上海、西藏，天气原因长春无任何数据)
SEP 28 52180	−0.512	0.166	0.0002653 0.0003022	−0.0000369	(IERS)(中国、长春、北京、上海、西藏，天气原因上海、北京无任何数据)

12.4.3   区域 GNSS 网 EOP 确定、解算策略及精度分析

我国 GNSS 测站分布密集、广泛为区域网测定 EOP 提供了有利条件，同时，也存在测站选取的问题。利用 2012 年 1 月 20∼28 日共 9 天 (年内天为 20∼28) 的我国陆态网 27 个基准站观测数据进行 GNSS 技术确定 ERP 参数的试验，见图 12.1。考虑到区域网确定卫星轨道和 ERP 参数的局限性，单天数据确定结果精度较差，因此基于三天弧长进行 ERP 参数确定试验，采用滑动窗口模式，最终给出 7 天的 ERP 确定精度结果，见图 12.2 和表 12.4。从图表可以看出，利用我国分布均匀的 27 个陆态网基准站数据确定的极移参数 x 分量 RMS 最大约 1.2mas，平均优于 0.6mas；极移参数 y 分量 RMS 最大约 0.9mas，平均优于 0.4mas；极移参数解算误差总 RMS 平均优于 0.8mas；确定的 LOD 变化参数误差 RMS 最大优于 0.2ms，平均在 0.14ms。

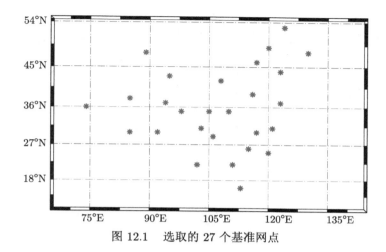

图 12.1 选取的 27 个基准网点

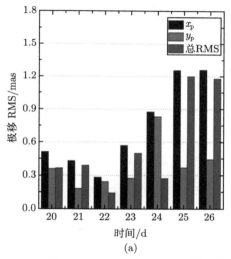

(a)

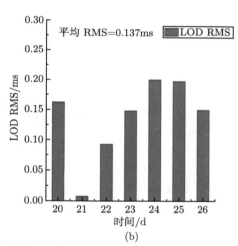

(b)

图 12.2 2012 年 20~26 天陆态网数据确定的 (a) 极移和 (b) LOD 精度结果

表 12.4 2012 年 20~26 天各天陆态网数据确定地球自转参数精度结果

时间/d	极移 x 方向 RMS/mas	极移 y 方向 RMS/mas	总 RMS/mas	LOD RMS/ms
20	0.364	0.357	0.510	0.1625
21	0.388	0.182	0.429	0.0077
22	0.143	0.243	0.282	0.0928
23	0.498	0.273	0.568	0.1483
24	0.272	0.831	0.875	0.2004
25	1.200	0.367	1.255	0.1979
26	1.180	0.442	1.260	0.1498
平均	0.578	0.385	0.740	0.1371

12.5　中国地球自转与参考系服务系统 (CERS)

上海天文台建立了类似于 IERS 的中国地球自转与参考系服务系统 (CERS)，主要包括数据采集系统、数据分析系统和结果发布系统，其中数据采集系统包括数据下载传输子系统和数据存储管理子系统; 数据分析系统包括全球网 EOP 分析子系统和区域网 EOP 分析子系统; 结果发布系统包括发布中国快速 EOP 公报 Chinese BullitinA(每天的更新频率) 和中国事后高精度的 EOP 公报 Chinese BullitinC(每月)，总体设计方案如图 12.3 所示。

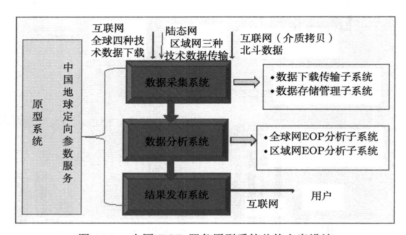

图 12.3　中国 EOP 服务原型系统总体方案设计

1. 数据采集系统

数据采集系统包括数据下载传输子系统和数据存储管理子系统的建立，其所包含的内容和实现的技术途径如图 12.4 所示，各个部分需要采用多核并行处理进行集成和并行化处理，提高处理的速度和避免不同技术之间处理结果交换的麻烦。

2. 数据分析系统

数据分析系统包括全球网 EOP 分析子系统和区域网 EOP 分析子系统的建立，其中全球网 EOP 分析子系统总体方案和实现途径如图 12.5 所示，为了提高处理速度也采取并行处理。

3. 结果发布系统

结果发布系统包括中国快速 EOP 公报 Chinese BullitinA(每天的更新频率) 和中国事后高精度的 EOP 公报 Chinese BullitinC(等待观测 3~7 天) 的集成处理和结果发布，其方案设计如图 12.6 所示，EOP 产品精度见表 12.5。

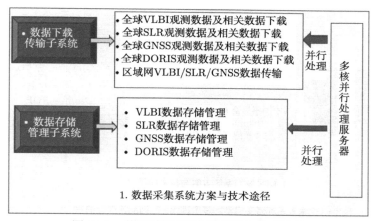

图 12.4 数据采集系统方案设计与技术途径

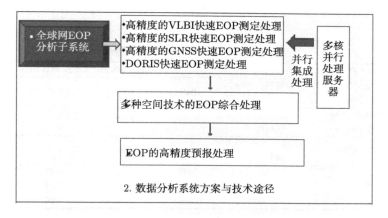

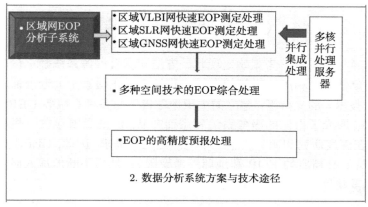

图 12.5 数据分析系统方案设计与技术途径

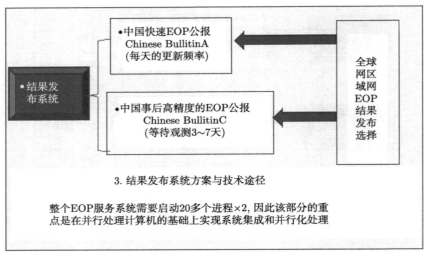

图 12.6　结果发布系统方案设计与技术途径

表 12.5　CERS EOP 精度情况

CERS EOP 产品	解类型	极移 x/mas	极移 y/mas	UT1−UTC/ms	LOD/ms
中国事后高精度 EOP 公报 (Chinese Bullitin C)	全球事后综合 EOP 解算	0.07	0.06	0.02	0.01
中国快速 EOP 公报 (Chinese Bullitin A)	仅导航数据 实时解算	0.14	0.07	—	0.05
我国区域网 EOP	VLBI/GNSS/SLR 区域网解	0.58	0.38	0.1	0.13
EOP 预报	5d	1.63	1.10	0.41	0.10
	30d	8.52	5.41	4.22	0.17
	60d(额外)	15.41	11.42	9.06	0.18

12.6　CERS 期待持续支持和发展

　　通过本章区域地球参考架确定现状、方法和垂直参考系统确定情况及我国区域 EOP 确定情况及精度分析等的介绍，我们知道在国家重大专项课题"地球定向参数确定技术"的支持下，建立的中国地球自转与参考系服务 CERS 已经取得了一些成果，形成了自己的服务系统和系列产品，但是我国存在一些不同渠道的重复建设，在深度研究和服务质量上不能满足用户需求，因此，CERS 需要持续经费支持，维持好高精度的 EOP 和地球参考架服务，然后不断地深入研究，多维度、多角度提高其精度、稳定性和时效性。

参 考 文 献

陈俊勇.2008. 中国现代大地基准——中国大地坐标系统 2000(CGCS 2000) 及其框架. 测绘学报, 37 (3): 3.

成英燕, 王晓明, 程鹏飞, 等. 2017. CGCS2000 框架站点非线性运动模型的构建方法. CN103902817B.

程鹏飞, 成英燕. 2017. 我国毫米级框架实现与维持发展现状和趋势测绘学报, 46(10): 1327-1335.

党亚民, 陈俊勇. 2007. 国际大地测量参考框架技术最新进展中国测绘学会大地测量专业委员会 2007 年综合性学术年会.

党亚民. 2008. 国际大地测量参考框架技术最新进展. CNKI. 34-37+247.

何冰. 2017. 综合多种空间大地测量技术确定高精度的地球参考架和地球定向参数研究 [D] . 北京: 中国科学院大学 (上海天文台).

姜卫平, 李昭, 刘万科, 等. 2010. 顾及非线性变化的地球参考框架建立与维持的思考. 武汉大学学报 (信息科学版), 35(6): 665-669.

蒋志浩. 2019. CGCS2000 参考框架维持, 更新理论与方法研究. 测绘学报, 48 (12): 1.

冷建华. 2004. 傅里叶变换. 北京: 清华大学出版社.

李秋霞. 2020. 非线性地球参考架的建立研究 [D]. 上海: 上海大学和上海天文台联合培养.

李秋霞, 王小亚, 冯加良. 2021. 测站坐标时间序列跳变探测研究及对 TRF 的影响. 测绘科学, 46(6): 38-46.

廖德春, 郑大伟.1996. 地球自转研究新进展. 地球科学进展, 11 (6): 543-549.

明锋, 2019. GPS 坐标时间序列分析研究. 测绘学报, 48(10).

孙付平, 李建文. 1997. 中国地区高精度地面参考架的定义和实现. 测绘学院学报, (4): 241-245.

汤文娟. 2018. 基于奇异谱分析法的 GPS 时间序列周期项探测. 城市勘测, 165(4): 86-90.

王解先, 连丽珍, 沈云中. 2013. 奇异谱分析在 GPS 站坐标监测序列分析中的应用. 同济大学学报 (自然科学版), (2): 128-134.

王琪洁. 2007. 基于神经网络技术的地球自转变化预报. 上海: 中国科学院研究生院 (上海天文台).

王小亚, 朱文耀, 符养, 等. 2002. GPS 监测的中国及其周边现时地壳形变. 地球物理学报, 45(2): 198-209.

魏子卿. 2008. 2000 中国大地坐标系及其与 WGS84 的比较. 大地测量与地球动力学, 28(5): 5.

席克伟. 2021. 高精度 GNSS 数据处理与非线形地球参考架建立 [D]. 北京: 中国科学院大学 (上海天文台).

许雪晴, 周永宏. 2010. 地球定向参数高精度预报方法研究. 飞行器测控学报, 29(2): 70-76.

许雪晴. 2012. 地球定向参数高精度预报方法研究. 北京: 中国科学院大学.

杨元喜. 2009. 2000 中国大地坐标系. 科学通报, 15(16): 2271-2276.

叶叔华, 黄珹. 2000. 天文地球动力学. 济南: 山东科学技术出版社, ISBN: 9787533128029.

张丹, 王玉德, 冯玮. 2018. 一种基于小波特征贡献率的融合特征的检索算法. 激光杂志, (1): 110-113.

张恒璟, 程鹏飞. 2011. 基于 GPS 高程时间序列粗差的抗差探测与插补研究. 大地测量与地球动力学, (4): 71-75.

张晶. 2018. 基于 PCA 方法的空间技术台站时间序列分析 [D]. 北京：中国科学院大学 (上海天文台).

张晶, 王小亚, 胡小工. 2019. 基于 PCA 方法的 GPS 测站时间序列分析. 大地测量与地球动力学, 39(6): 613-619.

张鹏, 蒋志浩, 秘金钟, 等. 2007. 我国 GPS 跟踪站数据处理与时间序列特征分析. 武汉大学学报 (信息科学版), 32(3): 251-254.

赵铭. 2012. 天体测量学导论. 2 版. 北京：中国科学技术出版社, ISBN 7-5046-4448-X.

郑大伟, 陈兆国. 1982. 地球自转参数预测. 中国科学院上海天文台年刊, 4: 116-120.

郑海刚, 王雪莹, 李军辉. 2013. PCA 方法在 GPS 坐标时间序列分析中的应用. 地理空间信息, 11(2): 117.

周永宏. 1993. 地球自转和地震活动关系的分析与研究. 上海：中国科学院上海天文台.

邹蓉. 2009. 地球参考框架建立和维持的关键技术研究. 武汉：武汉大学.

Altamimi Z, Boucher C, Gambis D. 2005. Long-term stability of the terrestrial reference frame. Advances in Space Research, 36 (3): 342-349.

Altamimi Z, Boucher C, Sillard P. 2002a. New trends for the realization of the international terrestrial reference system, Advances in Space Research, 30 (2): 175-184.

Altamimi Z, Boucher C. 2003. Multi-technique combination of time series of station positions and earth orientation parameters. IERS Technical Note, 30: 102-106.

Altamimi Z, Collilieux X, Boucher C. 2006. DORIS contribution to ITRF2005. Journal of Geodesy, 80 (8/11): 625-635.

Altamimi Z, Collilieux X, Boucher C. 2008. Accuracy Assessment of the ITRF Datum Definition. VI Hotine-Marussi Symposium on Theoretical and Computational Geodesy: 101-110.

Altamimi Z, Collilieux X, Legrand J, et al. 2007. ITRF2005: a new release of the International Terrestrial Reference Frame based on time series of station positions and Earth Orientation Parameters. Journal of Geophysical Research Solid Earth, 112: 83-104.

Altamimi Z, Collilieux X, Métivier L. 2011. ITRF2008: an improved solution of the international terrestrial reference frame. Journal of Geodesy, 85: 457-473.

Altamimi Z, Collilieux X, Métivier L. 2013. ITRF combination: theoretical and practical considerations and lessons from ITRF2008. Reference Frames for Applications in Geosciences, 138: 7-12.

Altamimi Z, Collilieux X. 2010. Quality assessment of the IDS contribution to ITRF2008. Advances in Space Research, 45 (12): 1500-1509.

Altamimi Z, Métivier L, Collilieux X. 2012. ITRF2008 plate motion model. Journal of Geophysical Research Atmospheres, 117: 47-56.

Altamimi Z, Rebischung P, Métivier L, et al. 2016. ITRF2014: a new release of the international terrestrial reference frame modeling nonlinear station motions. Journal of Geophysical Research Solid Earth, 121(8): 6109-6131.

Altamimi Z, Sillard P, Boucher C. 2002b. ITRF2000: a new release of the International Terrestrial Reference Frame for earth science applications. Journal of Geophysical Research: Solid Earth, 107(B10): ETG 2-1-ETG 2-19.

Angermann D, Drewes H, Gerstl M, et al. 2009. DGFI Combination Methodology for ITRF2005 Computation. Berlin Heidelberg: Springer: 11-16.

Angermann D, Kelm R, KrüGel M, et al. 2006. Towards a rigorous combination of space geodetic observations for IERS Product Generation. Observation of the Earth System from Space: 373-387.

Angermann D, Thaller D, Rothacher M. 2003. IERS SINEX combination campaign. IERS Technical Note, 30: 94-101.

Appleby G, Rodrguez J, Zuheir A. 2016. Assessment of the accuracy of global geodetic satellite laser ranging observations and estimated impact on ITRF scale: estimation of systematic errors in LAGEOS observations 1993—2014. Journal of Geodesy, 90: 1-18.

Bähr H, Altamimi Z, Heck B. 2007. Variance Component Estimation for Combination of Terrestrial Reference Frames. Geodätisches Institut (GIK), Forschungsbericht/Preprint, ISBN: 978-3-86644-206-1.

Bloßfeld M, Seitz M, Angermann D. 2014. Non-linear station motions in epoch and multi-year reference frames. Journal of Geodesy, 88(1):45-63.

Böckmann S, Nothnagel T. 2010. VLBI terrestrial reference frame contributions to ITRF 2008. Journal of Geodesy, 84(3): 201-219.

Böckmann S, Artz T, Nothnagel A, et al. 2010a. International VLBI service for geodesy and astrometry: earth orientation parameter combination methodology and quality of the combined products. Journal of Geophysical Research Solid Earth, 115(B4): 2500-2522.

Böckmann S, Artz T, Nothnagel A. 2010b. VLBI terrestrial reference frame contributions to ITRF2008. Journal of Geodesy, 84(3):201-219.

Beckley B D, Lemoine F G, Luthcke S B, et al. 2007. A reassessment of global and regional mean sea level trends from TOPEX and Jason-1 altimetry based on revised reference frame and orbits. Geophysical Research Letters, 34(L14608).doi:10.1029/2007GL030002.

Beutler G, Kouba J, Springer T. 1995. Combining the orbits of the IGS Analysis Centers. Journal of Geodesy, 69: 200-222.

Bizouard C, Gambis D. 2009. The Combined Solution C04 for Earth Orientation Parameters Consistent with International Terrestrial Reference Frame 2005. Berlin Heidelberg: Springer: 265-270.

Blaha G. 1971. Inner adjustment constraints with emphasis on range observations. Dept. of Geodetic Science, Report 148, The Ohio State Univ., Columbus.

Blewitt G, Altamimi Z, Davis J, et al. 2010. 9 Geodetic Observations and Global Reference Frame Contributions to Understanding Sea-Level Rise and Variability//Understanding Sea-Level Rise and Variability.

Blewitt G, Lavallée D. 2002. Effect of annual signals on geodetic velocity. Journal of Geophysical Research Atmospheres, 107: ETG 9-1-ETG 9-11.

Blewitt G. 1998. GPS Data Processing Methodology: from Theory to Applications//GPS for geodesy.

Blewitt G. 2003. Self-consistency in reference frames, geocenter definition, and surface loading of the solid earth. Journal of Geophysical Research, 108(B2): 10-1029.

Bottiglieri M, Falanga M, Tammaro U, et al. 2007. Independent component analysis as a tool for ground deformation analysis. Geophysical Journal of the Royal Astronomical Society, 168(3): 1305-1310.

Bruyninx C, Legrand J, Fabian A, et al. 2019. GNSS metadata and data validation in the EUREF permanent network. GPS Solution, 23: 106. https://doi.org/10.1007/s10291-019-0880-9.

Chao B F.1985. On the excitation of the earth's polar motion. Geophysical Research Letters, 12 (8): 526-529.

Choudrey R A, Roberts S J. 2003. Variational mixture of Bayesian independent component analyzers. Neural Computation, 15: 213-252.

Collilieux X, Altamimi Z, Coulot D, et al. 2010. Impact of loading effects on determination of the International Terrestrial Reference Frame. Advances in Space Research, 45 (1): 144-154.

Collilieux X, Altamimi Z, Ray J, et al. 2009. Effect of the satellite laser ranging network distribution on geocenter motion estimation. Journal of Geophysical Research Solid Earth, 114(B4): 153-167.

Collilieux X, Woeppelman N G. 2011. Global sea-level rise and its relation to the terrestrial reference frame. Journal of Geodesy, 85: 9-22.

Dang Y, Cheng C, Chen J, et al. 2007. Geodetic Height Determination in 2005 Qomolangma Survey. Geo Spatial Information Science, 10(2): 79-84.

Davies P, Blewitt G. 2000. Methodology for global geodetic time series estimation: a new tool for geodynamics. Journal of Geophysical Research Atmospheres, 105(B5): 11083-11100.

Dermanis A. 2001. Establishing global reference frames. Nonlinear, temporal, geophysical and stochastic aspects//Gravity, Geoid and Geodynamics 2000. Springer Berlin Heidelberg: 35-42.

Dermanis A. 2003. On the maintenance of a proper reference frame for VLBI and GPS global networks//Geodesy-The Challenge of the 3rd Millennium: 61-68.

Desai S D, Sibois A E. 2016. Evaluating predicted diurnal and semidiurnal tidal variations in polar motion with GPS-based observations. Journal of Geophysical Research: Solid Earth, 121(7):5237-5256.

Dick W R, Thaller D. 2014. IERS Annual Report 2012. ISSN: 1029-0060 ISBN: 978-3-86482-058-8 Bundesamt für Kartographie und Geodäsie Frankfurt am Main Germany.

Dong D, Dickey J O, Chao Y, et al. 1997. Geocenter variations caused by atmosphere,ocean and surface ground water. Geophys. Res. Lett., 24(15):1867-1870.

Dong D, Fang P, Bock Y, et al. 2002. Anatomy of apparent seasonal variations from GPS-derived site position time series. Journal of Geophysical Research Atmospheres, 107(B4): ETG 9-1-ETG 9-16.

Dow J M, Neilan R E, Rizos C. 2009. The International GNSS Service in a changing landscape of Global Navigation Satellite Systems. Journal of Geodesy, 83: 689.

Ferland R, Piraszewsk I M. 2009. The IGS-combined station coordinates, earth rotation parameters and apparent geocenter. Journal of Geodesy, 83 (3-4): 385-392.

Freedman A P, Steppe J A, Dickey J O, et al. 1994. The short-term prediction of universal time and length of day using atmospheric angular momentum. Journal of Geophysical Research Solid Earth, 99(B4): 6981-6996.

Gambis D, Biancale R, Carlucci T, et al. 2006. Combination of earth orientation parameters and terrestrial frame at the observation level //Springer Berlin Heidelberg. Geodetic Reference Frames. Springer Berlin Heidelberg: 3-9.

Gambis D, Biancale R, Lemoine J M, et al. 2005. Global combination from space geodetic techniques. Proccedings of the Journées, 2005: 62-65.

Gambis D, Johnson T, Gross R, et al. 2003. General combination of EOP series. IERS Technical Note, 30: 39-50.

Gambis D, Wooden J. 2005. Explanatory Supplement for Bulletins A and B. Observatoin de Paris also available by access (http:// hpiers.obspm.fr/eop-pc).

Gambis D. 2006. DORIS and the determination of the earth's polar motion. Journal of Geodesy, 80 (8): 649-656.

Gambis D. 2004. Monitoring earth orientation using space-geodetic techniques: state-of-the-art and prospective. Journal of Geodesy, 78 (4/5): 295-303.

Gobinddass M L, Willis P, Viron O D, et al. 2009. Systematic biases in DORIS-derived geo-center time series related to solar radiation pressure mis-modeling. Journal of Geodesy, 83 (9): 849-858.

Gross R S, Eubanks T M, Steppe J A, et al. 1998. A Kalman-filter-based approach to combining independent earth-orientation series. Journal of Geodesy, 72 (4): 215-235.

Gualandi A, Serpelloni E, Belardinelli M E. 2016. Blind source separation problem in GPS time series. J. Geod., 90:323-341. DOI 10.1007/s00190-015-0875-4.

Guinot B. 1988. Atomic time scales for pulsar studies and other demanding applications. Astronomy & Astrophysics, 192: 370-373.

Hamdan K, Sung L Y. 1996. Stochastic modelling of length of day and universal time. Journal of Geodesy, 70(6): 307-320

Harmanec P, Horn J, Koubsky P, et al. 1978. Properties and nature of Be and shell stars. viii - Light and colour variations of 88 Herculis. Bulletin of the Astronomical Institutes of Czechoslovakia, 29: 278-287.

He B, Wang X Y, Hu X G, et al. 2017. Combination of terrestrial reference frames based on space geodetic techniques in SHAO: methodology and main issues. Research in Astronomy and Astrophysics, 17(9):1-14.

Heflin M B, Jacobs C S, Sovers O J, et al. 2013. Use of reference frames for interplanetary navigation at JPL. Springer Berlin Heidelberg: 267-269.

Hermanns M. 2002. Parallel Programming in Fortran 95 Using OpenMP. http://people. sc.fsu.edu/~jburkardt/pdf/hermanns.pdf.

Jiang W P, Zhou X H. 2015. Effect of the span of Australian GPS coordinate time series in establishing an optimal noise model. Science China Earth Sciences, 58(4):523-539.

Johnson T J, Luzum B J, Ray J R. 2005. Improved near-term Earth rotation predictions using atmospheric angular momentum analysis and forecastsJournal of Geodynamics, 39: 209-221.

Johnston G, Dawson J, Twilley B, et al. 2000. Accurate survey connections between co-located space geodesy techniques at Australian Fundamental Geodetic Observatories// Australian Surveying and Land International Group (AUSLIG), Technical Report 3, Canberra, Australia.

Kosek W, Kalarus M, Johnson T J, et al. 2005. A comparison of LOD and UT1−UTC forecasts by different combination prediction techniques. Artificial Satellites, 40(2): 119-125.

Kosek W, Popinski W. 1999. Comparison between the fourier transform band pass filter and the wavelet transform spectro-temporal analyses on the earth rotation parameters and their excitation functions. Submitted to IERS Technical Notes 28, paper presented at the EGS XXIV General Assembly The Hague, The Netherlands, 19-23.

Kouba J, Ray J, Watkins M M. 1998. IGS Analysis Center Workshop, Darmstadt, Germany, Feb. 9-11, 1998. Position Paper #3: IGS Reference Frame Realization.

Kovalevsky J, Mueller I I, Kolaczek B. 1989. Reference Frames in Astronomy and Geophysics// Reference Frames: In Astronomy and Geophysics.

Kovalevsky J, Mueller I, et al. 1980. Comments on conventional terrestrial and quasi-inertial reference systems. International Astronomical Union Colloquium, 56: 375-384.

Li J, Chen J L, Wilson C R. 2016. Topographic effects on co-seismic gravity changes for the 2011 Tohoku-Oki earthquake and comparison with GRACE. J. Geophys. Res. Solid Earth, 121: 1-29. doi:10.1002/2015JB012407.

McCaffrey R, Zwick P C, Bock Y, et al. 2000. Strain partitioning during oblique plate convergence in northern Sumatra: geodetic and seismologic constraints and numerical modeling. Journal Geophysical of Research, 105, B12(28): 363-376.

Mccarthy D D, Luzum B J. 1991. Combination of precise observations of the orientation of the Earth. Bulletin Géodésique, 65 (1): 22-27.

Meisel B, Angermann D, Krügel M. 2009. Influence of time variable effects in station positions on the terrestrial reference frame. Springer Berlin Heidelberg:Geodetic Reference Frames.

Mervart L. 1999. Experience with SINEX format and proposals for its further development. IEEE: 103-110.

Mitchum, Gary T. 1998. Monitoring the stability of satellite altimeters with tide gauges. Journal of Atmospheric & Oceanic Technology,15 (3): 721-730.

Morel L, Willis P. 2005. Terrestrial reference frame effects on global sea level rise determination from TOPEX/Poseidon altimetric data. Advances in Space Research, 36 (3): 358-368.

NiedzielskI T, Kosek W. 2008. Prediction of UT1–UTC, LOD and AAM $\chi3$ by combination of least-squares and multivariate stochastic methods. Journal of Geodesy, 82 (2): 83-92.

Pavlis E C, Luceri V, Sciarretta C, et al. 2010. The ILRS contribution to ITRF2008. EGU General Assembly, 16.

Pearlman M R, Degnanjj J J, Bosworth J M. 2002. The international laser ranging service. Advances in Space Research, 30 (2): 135-143.

Pearlman M R, Noll C E, Pavlis E C, et al. 2019. The ILRS: approaching 20 years and planning for the future. J. Geod., 93(11): 2161-2180. DOI: https://doi.org/10.1007/s00190-019-01241-1.

Pearlman M, Noll C, Dunn P, et al. 2007. The international laser ranging service and its support for IGGOS. Journal of Geodynamics, 40: 470-478.

Petit G, Luzum B. 2010. IERS Conventions (2010). IERS Technical Note, 36: 1-95.

Premoli A, Tavella P. 1993. A revisited three-cornered hat method for estimating frequency standard instability. IEEE Transactions on Instrumentation & Measurement, 42(1): 7-13.

Privantini D T, Wardhana Y, Alhamidi M R, et al. 2016. An efficient implementation of generalized extreme studentized deviate (GESD) on field programmable gate array (FPGA)// International Conference on Computers. IEEE.

Ratcliff J T, Gross R S. 2010. Combinations of earth orientation measurements: SPACE2008, COMB2008, and POLE2008. JPL Publication13-5, 73: 627-637.

Ray J, Altamimi Z, Collilieux X, et al. 2008. Anomalous harmonics in the spectra of GPS position estimates. GPS Solutions, 12(1):55-64.

Ray J, Altamimi Z. 2005. Evaluation of co-location ties relating the VLBI and GPS reference frames. Journal of Geodesy, 79 (4/5): 189-195.

Rodionov S N. 2004. A sequential algorithm for testing climate regime shifts. Geophysical Research Letters, 31 L09204. doi:10.1029/2004GL01944.

Rosner B. 1983. Percentage points for a generalized ESD many-outlier procedure. Technometrics, 25(2):165-172.

Sarti P, Abbondanza C, Vittuari L, et al. 2009. Gravity-dependent signal path variation in a large VLBI telescope modelled with a combination of surveying methods. Journal of Geodesy, 83: 1115-1126.

Sarti P, Sillard P, Vittuari L. 2004. Surveying co-located space-geodetic instruments for ITRF computation. Journal of Geodesy, 78 (3): 210-222.

Schuh H, Behrend D.2012. VLBI: A fascinating technique for geodesy and astrometry. Journal of Geodynamics, 61(1): 68-80.

Schuh H, Ulrich M, Egger D, et al. 2002. Prediction of earth orientation parameters by artificial neural networks. Journal of Geodesy, 76(5): 247-258.

Sciarretta C, Luceri V, Pavlis E C, et al. 2010. The ILRS EOP time series. Artificial Satellites, 45(2): 41-48.

Seitz M, Angermann D, Blossfeld M, et al. 2012. The 2008 DGFI realization of the ITRS: Dtrf2008. Journal of Geodesy, 86: 1097-1123.

Seitz M, Angermann D, Bloßfeld M. 2015. 2014 ITRS Realization of DGFI: Dtrf2014//EGU General Assembly Conference.

Seitz M, Angermann D, Drewes H. 2013. Accuracy Assessment of the ITRS 2008 Realization of DGFI: DTRF2008. Biosci Biotechnol Biochem,77(11):2278.

Seitz M. 2015. Comparison of different combination strategies applied for the computation of terrestrial reference frames and geodetic parameter series. Springer International Publishing, 140: 57-64.

Senior K, Kouba J, Ray J. 2010. Status and prospects for combined GPS LOD and VLBI UT1 measurements. Artificial Satellites, 45: 57-73.

Sillard P, Boucher C. 2001. A review of algebraic constraints in terrestrial reference frame datum definition. Journal of Geodesy, 75 (2-3): 63-73.

Snay R A, Freymueller J T, Craymer M R, et al. 2016. Modeling 3-D crustal velocities in the United States and Canada. J. Geophys. Res. Solid Earth, 121: 5365-5388, doi:10.1002/2016JB012884.

Stefl S, Baade D, Harmanec P, et al. 1995. Simultaneous photometric and spectroscopic monitoring of rapid variations of the Be star η Centauri. Astronomy and Astrophysics, 294: 135-154.

Štefka V, Pešek I, Vondrák J, et al. 2010. Earth orientation parameters and station coordinates from space geodesy techniques. Acta Geodyn. Geomater., 7(1): 29-33.

Teunissen P, Amiri-Simkooei A R. 2008. Least-squares variance component estimation. Journal of Geodesy, 82 (2): 65-82.

Thaller D. 2008. Inter-technique combination based on homogeneous normal equation systems including station coordinates, Earth orientation and troposphere parameters. GFZ, Helmholtz-Zentrum, Potsdam.

Valette J J, Lemoine F G, Ferrage P, et al. 2010. IDS contribution to ITRF2008. Advances in Space Research, 46 (12): 1614-1632.

Van Dam T Francis O, Wahr J, et al. 2017. Using GPS and absolute gravity observations to separate the effects of present-day and Pleistocene ice-mass changes in South East Greenland. Earth and Planetary Science Letters, 459: 127-135.

Van Dam T, Wahr J, Lavallée D. 2007. A comparison of annual vertical crustal displacements from GPS and Gravity Recovery and Climate Experiment (GRACE) over Europe. J. Geophys. Res. Solid Earth, 112, B03404. doi:10.1029/2006JB004335.

Vautard R, Ghil M. 1989. Singular spectrum analysis in nonlinear dynamics, with applications to paleoclimatic time series. Physica D, 35(3): 395-424.

Vautard R, Yiou P, Ghil M. 1992. Singular-spectrum analysis: a toolkit for short, noisy chaotic signals. Physica D, 58(1-4): 95-126.

Vondrák J, Čepek A. 2000. Combined smoothing method and its use in combining earth orientation parameters measured by space techniques. Astronomy & Astrophysics Supplement, 147(2): 347-359.

Vondrák J. 1969. A contribution to the problem of smoothing observational data. Bulletin of the Astronomical Institutes of Czechoslovakia, 20: 349.

Vondrák J. 1977. Problem of smoothing observational data II. Bulletin of the Astronomical. Institutes of Czechoslovakia, 28(2): 84-89.

Wang S, Chen J, Li J, et al. 2016. Geophysical interpretation of GPS loading deformation over western Europe using GRACE measurements. Annals of Geophysics, 59:5, S0538. doi:10.4401/ag-7058.

Willis P. 2010. DORIS: scientific applications in geodesy and geodynamics. Advances in Space-Research, 45 (12): 1407.

Wu X, Collilieux A, Xavier C, et al. 2015. KALREFA Kalman filter and time series approach to the international terrestrial Reference Frame realization. Journal of Geophysical Research. Solid earth: JGR, 120 (5): 3775-3802.

Wu X, Collilieux X, Altamimi Z, et al. 2011. Accuracy of the international terrestrial reference frame origin and earth expansion. Geophysical Research Letters, 38: 142-154.

Xu H, Chen L, Xiang S. 2010. Singular spectrum analysis on the structure of the time series of money supply in China. The Theory and Practice of Finance and Economics, 31(1): 7-12.

Xu X, Dong D, Fang M, et al. 2017. Contributions of thermoelastic deformation to seasonal variations in GPS station position. GPS Solutions, 1-10.